AF567636

Andreas Wilbrand

Natur-Volieren im Selbstbau

Andreas Wilbrand

Natur-Volieren im Selbstbau

Artgerechte Vogelhaltung für Sittiche und Prachtfinken

2., aktualisierte Auflage

Oertel+Spörer

Bildnachweis
Werner Lantermann S. 120
Titelbild und alle anderen Bilder sind vom Autor.

Haftungsausschluss
Die Hinweise in diesem Buch wurden vom Autor sorgfältig recherchiert und geprüft. Es können jedoch keinerlei Garantien übernommen werden. Eine Haftung des Autors, des Verlags und seiner Beauftragten für Personen-, Sach- und Vermögensschäden ist ausgeschlossen.

Bibliografische Information der Deutschen Nationalbibliothek
Die Deutsche Nationalbibliothek verzeichnet diese Publikation in der Deutschen Nationalbibliografie; detaillierte bibliografische Daten sind im Internet über http://dnb.d-nb.de abrufbar.

Postfach 1642 · 72706 Reutlingen
2., aktualisierte Auflage

Lektorat: Dr. Gabriele Lehari
DTP und Repro: Oertel+Spörer GmbH + Co. KG, Reutlingen
Druck und Bindung: Oertel+Spörer Druck und Medien-GmbH+Co., Riederich
Printed in Germany
ISBN 978-3-88627-568-7

Inhalt

Einleitung

Eine naturnahe, große Freiflug-Voliere mit Pflanzen und Wasserfall und das im eigenen Garten – das ist sicherlich eine Wunschvorstellung vieler Vogelliebhaber. Günstig und bezahlbar geht das aber nur im Selbstbau.

Für mich gab es keine Alternative – entweder so oder gar nicht. Also vorbereiten, planen und lesen. Gefunden hatte ich leider kaum etwas über den Bau von Natur-Volieren. Das hieß dann: Neuland betreten, querdenken – und es trotzdem machen.

Aber wie sollte die Voliere ausgestattet sein? Da sie den Garten als Natur-Voliere nicht verunstalten würde, durfte sie entsprechend größer sein als übliche Volieren: 10 Meter breit und 4 bis 5 Meter tief. Sie sollte nicht aus Abteilen bestehen, sondern ein großer Flugraum sollte es sein. Sandsteine als Hintergrund, ein Wasserfall, ein Badebecken, ein bepflanzter Bereich und ein überdachter Trockenbereich – so stellte ich mir die Voliere vor. Ein winterfestes Schutzhaus muss natürlich auch angeschlossen sein, und zwar in Form von einem Steinhaus mit eingefärbtem Zementputz, das sich möglichst natürlich in die Gartenlandschaft einfügt.

Und darin leben sollten kleine, nicht zu laute Sittiche und Prachtfinken. Aber wie viele, welche – wer verträgt sich mit wem? Auch diese Fragen mussten geklärt werden.

Leider machten wir bei dem Bau auch Fehler, die ich gern vermieden hätte. Und Fehler nachträglich zu korrigieren, ist – wenn überhaupt möglich – teuer und zeitraubend. Mit den Erfahrungen nach dem Selbstbau der Voliere wäre vieles viel einfacher gewesen.

Das war dann auch der Grundgedanke zu diesem Buch – ein Buch, wie ich es gern gehabt und gebraucht hätte.

Andreas Wilbrand

Der Autor nach getaner Arbeit.

Anleitung für den Volieren-Selbstbau

Es gibt unterschiedliche Volierentypen mit sehr speziellen Anforderungen und Bauweisen. Die Grundanforderungen für fast alle Volieren sind aber gleich: Standort – Fundamente – Volierengestelle – Volierendraht – Schutzhaus.

Ich möchte hier detailliert auf den Selbstbau unserer naturnahen Gartenvoliere eingehen. Vieleicht können Sie dieser Art der Bauweise mit Gasbeton, Sandstein und Lehm etwas abgewinnen.

Dieses Buch soll keine übliche Anleitung zum stumpfen Nachbau werden, sondern soll die Möglichkeiten für einen kreativen, möglichst fehlerfreien Eigenentwurf aufzeigen. Mit etwas handwerklichem Geschick wäre das dann der Anfang für ein sehr spannendes Abenteuer.

Mein Traum war immer eine große Gemeinschaftsvoliere für Sittiche und Prachtfinken. Hauptsächlich sollte sie zum Anschauen und Beobachten gebaut werden – mit großem Flugraum, Schutzhaus, Sandstein-Rückwand, Wasserfall, Pflanzbereich und überdachtem Trockenbereich. Man sollte in die Voliere hineingehen können, um die Vögel auch ohne Gitter zu beobachten und zu fotografieren.

Die große Voliere fügt sich gut in den Garten ein.

Obwohl ich allein für den Außenbereich etwa 35 qm einplante, sollten die Sittiche nicht zu groß sein, und zwar nicht mehr als 30 cm, da die Vögel unbedingt fliegen sollten – und das bedeutet nicht nur ein bis zwei Flügelschläge bis zum gegenüberliegenden Ast. Immerhin übernehmen wir die Verantwortung für unsere Vögel – und Vögel müssen fliegen können!

Summa sumarum: eine maximale Volierengröße für möglichst kleine Vögel. Dann kommt man der Bezeichnung „artgerecht" zumindest diesbezüglich schon mal einen Schritt näher.

In unserem Garten musste ein großer, an eine Mauer angelegter, treppenartiger Steingarten abgebaut werden, um Platz für die zukünftige Voliere zu schaffen. Das waren dann 350 Schubkarren Erde, die abtransportiert werden mussten per Spaten und per Handarbeit – eine wahrlich grenzwertige Erfahrung.

Aber nach einigen Wochen, mit der tatkräftigen Unterstützung meines Sohnes und einigen Schulfreunden, war dann auch die letzte Schubkarre Erde entsorgt. Übrig blieben 6 Tonnen Sandsteine, die in Form einer Mauer die Volierenrückwand bilden sollten.

In dieser Voliere haben die Vögel eine große Bewegungsfreiheit.

Das ist der Standort für die neue Voliere.

Endlich konnte ich die gewünschten Außenmaße mit einem Stock auf den Boden zeichnen. Immer wieder habe ich die Maße mit den eigenen Plänen, den lieferbaren Längen der Gerüststangen und der Drahtrollenbreite abgeglichen, bis die abgesteckten Maße auf dem Boden meinen Wunschvorstellungen und den baulichen Möglichkeiten entsprachen.

So entstand eine geplante Außenvoliere von 8 m Breite und 4 bis 5 m Tiefe. Die Höhe sollte von 2,20 m auf 2 m nach hinten abfallen. Für das angrenzende Schutzhaus war eine Grundfläche von 3 x 4 m angedacht.

Unsere Voliere würde nicht rechteckig sein, sondern sich nach hinten verjüngen. Das ist sicherlich nicht jedermanns Geschmack und es macht den Volierenbau auch ungleich schwieriger, aber das Resultat – eine tolle Übersicht von fast jedem Betrachtungspunkt aus – sollte die Mehrarbeit schon Wert sein.

WAS MAN ALLES BENÖTIGT

Bevor im Folgenden der Bau einer Natur-Voliere Schritt für Schritt erklärt wird, hier vorab eine Auflistung des benötigten Materials und der erforderlichen Wergzeuge. Genaue Beschreibungen finden Sie dann in den jeweiligen Kapiteln. Einige Bezugsadressen sind hinten im Anhang angegeben.

Werkzeug

- Spaten – für die Fundamentgrabungen
- Schnur und Stöcke – um die Eckpunkte und Maße abzustecken
- Gummihammer und große Wasserwaage – zum Ausrichten der Fundamentplatten
- Eimer und Kelle – für Zementmörtel und Lehm
- Fugenspachtel – für feine Lehmarbeiten
- Putzbrett – zum Tragen und Auftragen von Lehm- und Zementputz
- Schlagbohrmaschine – zum Anbohren der Fundamentplatten
- Akkuschrauber – u.a. zum Errichten des Holzgerüstes der Bedachung
- Fuchsschwanzsäge – zum Zersägen der Gasbetonsteine
- Elektrofuchsschwanzsäge – für Fenster und Türöffnungen in den Gasbetonwänden und für Holzarbeiten
- Drahtschere – zum Schneiden des sehr stabilen Volierendrahtes
- Knarre oder Schraubenschlüssel – für sehr große Schlossschrauben
- Kartuschenpresse – für Montagekleber-Kartuschen
- Flex mit dünner Trennscheibe – zur Abtrennung überstehender Dachplatten
- Stichsäge – für OSB-Plattenzuschnitt und andere Holzarbeiten
- Grobe Holzfeile – zum Feilen der Gasbetonsteinränder

Material – erhältlich beim Volierenbau-Lieferanten

- Alu-Vierkantrohre – für das Rahmengerüst der Voliere
- Alu-Riegelschlösser – für die Türverriegelung
- Asthalter – Halter für Anflugäste
- Volierendraht – als Drahtzaun zur Bespannung der Außenvoliere
- Drahtschrauben – zur Befestigung des Drahtzauns
- Rohrverbinder – Kunststoffkreuze zur Verbindung der Alustangen
- Edelstahlscharniere – für die Türen

Material – erhältlich im Baustoffhandel

- Betonplatten – als Fundamentplatten
- Mauermörtel – für Fundamente und Hausbodenplatte

- Ziegelsteine – als optischer Rahmen unter der Voliere
- Gasbetonsteine/Gasbetonkleber – für den Hausbau
- Baustoffplatten – für Hausdach und Türen
- Fenster oder Glasbausteine – für den Lichteinfall im Vogelhaus
- Rindenzaun – als Türverkleidung
- Montagekleber – für Abdichtungen und Türverklebung
- Heller Bausand – für Lehmputz, Innen- und Außenbodenbelag
- Pudersand/Silbersand – für feinste Lehmarbeiten
- Zementfarbe – zum Einfärben des Zements
- Fundamentbeton – als Fundamente für die Bankiraibalken
- Bankiraibalken – als Holzgerüst für die Regenbedachung
- Balkenschuhe – für die Bankiraibalken
- Schlossschrauben – zur Verschraubung der Bankiraibalken
- Leichtmetall-Rigipsdübel – für sämtliche Verschraubungen im Gasbeton
- Selbstschneidende Edelstahl-Hartholzschrauben – zu Verschraubung in Bankiraibalken
- Edelstahlschrauben – zur Verschraubung des Alugerüsts auf die Fundamente
- Acryl-Dachplatten – als Regendach
- Dachplatten-Montage-Halterungen – zur Befestigung der Dachplatten
- Kunststoffregenrinne – zur Ableitung des Regenwassers vom Dach
- Regenrinnen-Kunststoffspezialkleber – zur Verklebung der Teilstücke
- Sandstein – zur Vermauerung im Außenbereich
- Teichfolie – als Untergrund für das Badebecken
- Bitumendachpappe und Bitumenkaltkleber – zur Dachabdichtung
- Pinselset, große Pinsel – für Dachabdichtung und Lehmarbeiten
- KG-Rohre – als Abwasserrohr im Badebecken
- PE-Rohre – für den Wasserzulauf
- Kunststoff-Waschbecken – für den Vorraum
- Flexibles Abflussrohr – für das Waschbecken
- Frostfester Wasserhahn – als Verschluss für den Wasserzulauf
- Große Mischwanne – für Mörtel und Lehmputz
- Betonquirlstab – zum Mischen von Mörtel und Lehmputz
- Lochbleche – zur Stabilisierung der Dachbalken
- Fichtenholzbalken – als Dachkonstruktion im Haus
- Leimholz-Arbeitsplatte – für den Vorraum
- Holzwinkel – als Stütze unter der Arbeitsplatte, unter dem Fressbrett
- Leimholzplatten – als Fressbrett und für Regale
- Holzleisten – für die Fressbrettumrandung
- Rohrschellen – zur Halterung für Tonschalen

- Stirnholzlack – zur Konservierung des Stirnholzes der Hausdachbalken
- OSB-Holzplatten – für die Dachkonstruktion des Vogelhauses
- Metallwinkel – für Stützbalken im Haus
- Etwa handbreite Holzlatten – als Anschlag für die Türeinsätze
- Alu-T-Leiste – als Regenbremse unter den Türen
- Stein- und Putz-Imprägnierung – zur Imprägnierung des Zementputzes

Material von Versandanbietern

- Lehmpulver – für Lehmputz, Lehmschlämme
- Reine Hanfseile – als Anflugseile im Haus
- Futterautomaten – für Körnerfutter
- Wasserautomaten – als Trinkwasserspender
- Glasierte Tonschalen – für Obst, Grit usw.

Kalkulation der Mengen

Zur groben Kalkulation der Mengen hier eine Auflistung von allem, was wir für unsere Voliere mit 32 m^2 Volierenraum und 9 m^2 Schutzhaus an Material verbrauchten. Wir hatten eine Mauer mit etwa 12 m^2 als Rückwand zur Verfügung. Kleinkram ist nicht aufgelistet.

13 m^2 Fundamentbetonplatten
47 m^2 Gasbetonsteine 7,5 cm + Kleber
4 t Sandsteine
3 m^3 heller Sand
56 m^2 Esafort Drahtzaun 12,7 x 12,7 mm, 1,05 mm Stärke, und Schrauben
118 m Alustangen, eloxiert, 25 x 25 mm + Verbinder (Kreuze + Ecken)
16 m Bankiraibalken 4,5 x 7 cm für Stützbalken und Balkenschuhe
46 m Bankiraibalken 4,5 x 7 cm für Regendach-Unterkonstruktion
24 m^2 transparente Dachtrapezplatten
40 x 25-kg-Säcke Zementmörtel
15 x 25-kg-Säcke Lehmpulver
32 m^2 Baustoffplatten, 2 cm dick, für Hausdach und Türen
20 m Fichtenholzlatten für Haus-Dachgerüst, mindestens 4 x 6 cm
2 m Fichtenholzbalken, etwa 10 x 10 cm, als senkrechter Stützbalken im Haus
9 m^2 OSB-Holzplatten für Hausdach
15 m^2 Dachpappe
2 x 10-Liter-Eimer Bitumenkaltkleber
100 Ziegelsteine
10 m KG-Rohre und Winkel, 5 cm, für Wasserablauf Badebecken
30 m PE-Rohre als Wasserzulauf und Schutzrohr für Stromleitung

Baugenehmigung

Bevor Sie mit der Umsetzung Ihrer Pläne beginnen können, sollten Sie bei Ihrem zuständigen Bauamt nach den behördlichen Richtlinien fragen. Da diese Richtlinien Ländersache sind, kann man hier keine einheitlichen Vorschriften zugrunde legen und sollte sich daher vor Ort beim Bauamt oder auf der entsprechenden Internetseite informieren. Wichtige Fragen sind hierbei:

- Unter welchen Gesichtspunkten sind Abstände zur Grundstücksgrenze einzuhalten?
- Ab wie viel Quadratmeter umbauter Raum (Vogelhaus) brauche ich eine Baugenehmigung?
- Unter welchen Voraussetzungen gilt auch die Außenvoliere mit ihrer Teilüberdachung als genehmigungspflichtiger, umbauter Raum?

Eventuell haben Sie ja in der Verwandtschaft oder Nachbarschaft einen Architekten, der Ihnen bei den einzuhaltenden Richtlinien oder bei größeren Anlagen mit dem nötigen Bauantrag helfen kann. Ansonsten machen Sie doch bei Ihrem städtischen Bauamt einen Termin, um die einzuhaltenden Richtlinien abzufragen.

Der richtige Standort

Der Sonnen- bzw. Lichteinfall in die Voliere sollte schon frühmorgens anfangen und sich möglichst lange über den Tag erstrecken. Entsprechend ist die **ideale Ausrichtung** der Voliere nach **Süd-Osten**.

Der richtige Lichteinfall ist wichtig für den Standort der Voliere.

Auch im Hochsommer sollten die Vögel Schatten im Außenbereich aufsuchen können.

Schauen Sie sich doch mal auf Ihrem Grundstück um. Wo haben Sie morgens die ersten Sonnenstrahlen im Garten? Gerade auch im Winter bei tief stehender Sonne ist es wichtig, die wärmenden Sonnenstrahlen für die Voliere zu nutzen. Auch die Fenster des Schutzhauses sollte man so einplanen, dass die einfallenden Sonnenstrahlen der Morgensonne den Innenraum erwärmen.

Im Hochsommer müssen die Vögel allerdings auch einen kühleren **beschatteten Bereich** aufsuchen können – und das sollte nicht nur das Schutzhaus sein. Ein Baum, der über der Voliere Schatten spendet, hat allerdings den Nachteil, dass Wildvögel auf diesen Zweigen leicht in unsere Voliere koten und so Krankheiten übertragen können.

Ein guter Kompromiss ist ein „Wilder Wein", der einen Teil der Außenvoliere überrankt und im Sommer guten Schatten spendet. Diese Ranken gibt es als „Hafter", die sich an Wänden anhaften, und auch als „Schlinger", die sich mit kleinen „Greiffingern" zum Beispiel um einen Draht schlingen und selbstständig Gitter erklimmen.

Allerdings muss die Ranke regelmäßig beschnitten werden, damit sie nicht unkontrolliert wuchert, durch den Draht wächst oder sich zwischen Steinen und Volierengestänge zwängt. Das könnte auf Dauer die Voliere beschädigen.

Das Material für die Voliere

Das **Volierengestänge** sollte in unserem Fall aus dunkelgrau eloxiertem Aluminium bestehen, da nicht eloxierte Alu-Gestelle stärker blenden und stören. Aluminium mag zwar etwas teurer sein als Holz, ist aber ungleich langlebiger.

Ein guter Volierenbau-Lieferant kann Ihnen solche Alustangen eloxiert anbieten. Nehmen Sie die Stangen unbedingt in 25 x 25 mm Stärke statt 20 x 20 mm, da sie nicht nur dicker, sondern auch stabiler sind. So haben Sie mehr Platz zum Verschrauben des Drahtes und die Schrauben sitzen bei der Materialstärke fester. Bei der Dachkonstruktion haben stabilere Alustangen den Vorteil, dass sie zum Beispiel bei Schneelast nicht so leicht durchhängen.

Der **Drahtzaun** darf natürlich nur von bester Qualität sein, denn billig ist auf Dauer viel, viel teurer! Die billigen Drähte sind längst nicht so gut verarbeitet und nicht so gut verzinkt wie die teureren, hochwertigen. Korrosion und Rost würde dann die Sache sehr unschön werden lassen.

Empfehlenswert ist viereckig verschweißter Draht der Marke Esafort. Die Maschenweite von 12,7 x 12,7 mm (Stärke 1,05 mm) ist so klein, das auch junge Mäuse nicht hindurchpassen.

Dünner sollte die Drahtstärke jedoch nicht gewählt werden, da ansonsten so manche Sittiche den Draht durchbeißen könnten.

Neuer, frisch montierter Draht blendet leider recht stark. Das muss aber kein Grund sein, den Draht anzustreichen, da der verzinkte Draht innerhalb weniger Monate mattgrau abdunkelt.

Alustangen, Draht und Zubehör bekommen Sie bei Volierenbau-Spezialisten. Ich empfehle Ihnen, die Materialien persönlich dort abzuholen. So können Sie sich vor Ort einige handwerkliche Verarbeitungsmethoden zeigen lassen, was Sie vorher telefonisch vereinbaren sollten, wie zum Beispiel:

- Wie werden die Alustangen am besten zusammengesteckt?
- Wie wird der Draht mit dem Rahmen verspannt?
- Wie wird das Dach montiert?

Rückwand und Mauer

Haben Sie keine Garagenwand oder Ähnliches zur Verfügung, was als Rückwand mit Sandsteinen bemauert werden darf, gibt es dennoch diverse Möglichkeiten, eine Rückwand zu realisieren.

Steinkörbe/Gabionen dienen zur Gartenbegrenzung. Man kann sie aber ebenfalls als Rückwand für die Außenvoliere einplanen. Sie sind im Baustoffhandel erhältlich. Man kann sich schon im Internet anschauen, welche Ausführungen am besten gefallen und infrage kommen.

Vorzugsweise sollte man feinmaschige Gabionen mit kleinen Steinen wählen, sodass Mäuse keinen Zugang finden. Grobmaschige Körbe mit größeren Steinen müssten von hinten und den Seiten mit Mörtel verputzt werden, um einen Durchschlupf für kleine Tiere zu verhindern.

Solche Gabionen eignen sich auch als Rückwand für die Voliere.

Natürlich sollte auch unter einer Gabione ein durchgehendes Fundament von mindestens 50 cm Tiefe geschaffen werden.

Von der Volierenseite aus gesehen könnten Sie den nicht überdachten Teil der Gabione mit Mutterbodenmatsch (gemischt mit Grassamen und Wildkräutersamen) bewerfen, damit sie langsam begrünt. Auch ein Wilder Wein, diesmal in der Voliere, macht sich an den Wänden sehr gut.

Den überdachten Teil der Gabione könnten Sie so belassen, wie er ist, oder auch mit Lehmputz beschichten (1/3 Lehm, 2/3 Bausand, Wasser).

Bei dieser Gabione mit kleinen Steinen und zusätzlichem kleinem Gitter (etwa 10 x 10 mm) kommt keine Maus rein und kein Vogel raus.

Denkbar wäre auch eine auf einem gegossenen Fundament errichtete **Mauer**. Idealerweise bildet die Mauer gleichzeitig die Rückwand des Außenbereichs als auch eine Haus-Außenwand, sie wäre dann also in einem

Eine Mauer muss nicht langweilig aussehen!

TIPP

Übrigens: Eine reine Holzwand hält auf Dauer die Mäuse nicht davon ab, die Voliere zu erobern.

90-Grad-Winkel vermauert. Das würde die Standfestigkeit der Mauer enorm erhöhen.

Im Baustoffhandel bekommen Sie eine große Auswahl an tollen Steinen, die nicht noch extra mit Sandsteinen verkleidet werden müssten.

Vermauern Sie die Wand in der Außenvoliere nicht gerade und glatt, sondern mit vorstehenden Ecken und auch mit weit herausragenden Steinen. So finden die Vögel in der Wand Landemöglichkeiten, die sie auch gern zum Sonnenbaden nutzen. Bestreichen Sie diese Stellen satt mit Lehmschlämme, dann sind sie später leicht zu reinigen. Den Mauermörtel können Sie mit Zementfarbe den Steinen anpassen.

Sie können die Mauer auch zweischichtig aufbauen. Die Rückseite wird dann dünn und glatt vermauert und für den Volierenbereich vermauern Sie noch schöne Steine mit Höhlen und vorspringenden Steinen mit ein.

Fundament mit Kabel und Rohren

Damit sich keine Wühlmäuse oder andere Nager in die Voliere hineingraben können, braucht die Voliere ein undurchdringliches Hindernis, das gleichzeitig als Fundament für das Volierengerüst und alle Außenwände des Schutzhauses dient. Die Tiefe des Fundaments muss 50 bis 80 cm betragen. Nur dann ist sichergestellt, dass Schadnager draußen bleiben.

Dieses Fundament soll die gesamte Volierenbegrenzung und die Wände des Schutzhauses unterfüttern. Eine Bodenplatte für die Volierenfläche kann so komplett entfallen.

Wir haben uns bei dem Fundament für **Betonplatten** entschieden, da sie preiswert und in jedem Baustoffhandel erhältlich sind. Die Platten werden auch Waschbetonplatten oder Gehwegplatten genannt. Inzwischen gibt es diese Platten nicht nur in grauer Farbe, sondern ich habe sie auch schon in in Rostrot gesehen. Den Mauermörtel könnten Sie mit Zementfarbe einfärben.

Welche Maße die Platten haben, spielt keine Rolle. Je nachdem, ob Sie helfende Hände haben, können die Platten größer oder kleiner sein. Unsere hatten ein Maß von 80 x 25 cm.

Sie können die Platten 10 bis 20 cm aus dem Boden herausragen lassen, da später ein erhöhter Sandboden innerhalb der Voliere für die Betrachter wesentlich besser aussieht.

Die Fundamentbetonplatten kann man aus dem Boden herausragen lassen.

Für die Erstellung des Fundamentes müssen Sie mit einem Spaten einen tiefen, möglichst nur spatenbreiten Graben ausheben. Bevor Sie die Betonplatten in diesen Graben einsetzen, sollten vorher drei sogenannte **PE-Rohre** verlegt werden (keine Gartenschläuche, die verrotten!).

PE-Rohre sind sehr stabile, noch leicht biegsame Rohre für den Wasserzulauf. Diese Rohre werden nicht zusammengesteckt, sondern sind als Rollenware in jeder beliebigen Länge erhältlich.

Hier werden die Ziegelsteine auf die Fundamentbetonplatten aufgemauert.

Für die PE-Rohre muss ein kleiner Graben gezogen werden, und zwar vom Wasseranschluss (und Stromanschluss) am Wohnhaus durch den Fundamentgraben in die Voliere bis zum jeweiligen Zielpunkt.

Ein PE-Rohr ist gedacht für den Wasserzulauf des Wasserfalls, das zweite für das Waschbecken (im Vorraum des Schutzhauses) und durch das dritte verlegen Sie das Stromkabel, damit es beim Graben im Garten mechanisch geschützt ist.

Als Stromkabel sollten Sie nur gute Handwerkerqualität aus dem Elektrofachhandel erwerben (Typ 3G1.5 Massivdraht für den Außenbereich).

Wenn Sie die benötigte Länge für Stromkabel und PE-Rohre abgemessen haben, rechnen Sie für beide Enden etwa 2 bis 3 m mehr an Länge dazu. Denn wenn die Kabel und Rohre endgültig verlegt und angeschlossen werden, benötigt man schnell mal ein ganzes Stück mehr.

Für den Wasserablauf des Badebeckens muss ein **KG-Rohr** mit 5 cm Durchmesser durch die Fundamentmauer den Weg nach draußen finden. Vorzugsweise mauern Sie ein kurzes Rohrstück etwas tiefer als das Badebecken in die Fundamentmauer mit ein. Der Wulst des Rohres muss nun in die Voliere zeigen – mehr Infos dazu im nächsten Kapitel.

KG-Rohre sind starre, extrem stabile Kunststoffrohre, die man wasserdicht zusammenstecken kann. Sie bekommen diese Rohre in vielen Größen, Längen und auch Winkelstücken.

Die Waschbetonplatten setzen Sie nun Stück für Stück in den ausgehobenen Graben. Damit die Platten stehen bleiben, stabilisieren Sie diese mit billigen Betonsteinen oder auch mit Schotter und Bruchsteinen.

Die Platten müssen mit genügend Mauermörtel vermauert werden. Bei geraden Plattenkanten sollte der Mörtel zwischen den Platten etwa fingerdick sein.

Bei Platten mit Nut und Feder darf der Mörtel zwischen den Platten dünn sein. Nut und Feder bedeutet, dass die Steine etwas ineinander greifen.

Immer wieder sollten Sie eine lange Wasserwaage auflegen, damit die Platten auch gerade und in Lot stehen. Gegebenenfalls werden die Platten mit einem großen Gummihammer in der Position korrigiert. Steht die erste Reihe, stabilisieren Sie die Platten dauerhaft mit Mörtel. Das bedeutet, Sie gießen etwas flüssigeren Mörtel (einfach mehr Wasser mit einrühren) über die Stabilisierungssteine in den Graben. Ist noch eine zweite Reihe geplant, fangen Sie mit dieser erst an, wenn der Mörtel hart geworden ist. Dasselbe gilt für eine eventuelle dritte Reihe.

Haben Sie die erste Reihe mit einer ganzen Platte begonnen, fangen Sie bei der nächsten Reihe mit einer halben Platte an, sodass die Platten wie beim Errichten einer Mauer versetzt stehen. Mit einem großen Hammer können Sie die Platten recht leicht halbieren. Wird die Bruchkante nicht ganz gerade, können Sie die Platte trotzdem vermauern und die Löcher mit etwas festerem Mörtel zuspachteln. Für das Abwasser-KG-Rohr lassen Sie eine Lücke zwischen den Betonplatten, die Sie dann mit dem Rohrstück, Bruchsteinen und festerem Mörtel füllen. Besprühen Sie hin und wieder die Mauer mit Wasser, damit der Mörtel nicht zu schnell austrocknet.

Nach ein paar Tagen, wenn der Mörtel aus der letzten Reihe auch hart geworden ist, stabilisieren Sie nochmals Ecken und Kanten mit etwas festerem Mörtel. Nach der kompletten Aushärtung des Mörtels füllen Sie den Graben mit Mutterboden wieder auf. Mit dem Gartenschlauch und Wasser schlämmen Sie die ausgehobene Erde ein, damit sie sich wieder verdichtet.

Aus optischen Gründen könnte man auf die Betonplatten noch hochkant eine Reihe rote Ziegelsteine vermauern.

Badebecken und Wasserfall

Für das Badebecken heben Sie an dem gewünschten Ort eine flach abfallende Grube von etwa 20 cm Tiefe aus. Diese wird mit einer Teichfolie ausgelegt. Den Teichfolienrand außerhalb des Beckens können Sie zunächst großzügig überstehen lassen (etwa 30 cm). Der überflüssige Rand wird später abgeschnitten.

Der Wassereinlauf wird dann später der Wasserfall. Der Ablauf wird am entgegengesetzten Ende angelegt.

Man könnte auch einen kleinen Graben durch die Voliere führen, vorzugsweise in Stufen, sodass die Vögel an mehreren Stellen baden können, und natürlich mit Gefälle. Denkbar wäre es auch, das Wasser aus dem Ablauf des ersten Beckens an einer anderen, tiefer gelegenen Stelle wieder als Zulauf für ein zweites Becken zu nutzen. Dann werden diese beiden Badebecken unter der Erde mit 5 cm dicken KG-Rohren verbunden.

Das Badebecken mit Wasserfall in der Entstehung.

Ein 5 cm dickes KG-Rohr mit etwa 20 cm Länge dient als Abflussrohr. In die Teichfolie schneiden Sie dort, wo der Ablauf entstehen soll, ein kleines, etwa 2 cm großes Loch. Bei dem Rohrstück puhlen Sie mit einem Schraubenzieher die Dichtung heraus und

Der fertige Wasserfall in der Sandsteinwand.

stecken das Rohr durch die Teichfolie. Das geht recht schwer, aber die Teichfolie wird sich dehnen und das Rohr schon mal gut abdichten.

Der Wulst des Rohres ragt jetzt in das Badebecken. Die Höhe des Rohres im Badebecken sollte nun ungefähr 6 cm betragen. Die genaue Höhe können Sie später noch bestimmen.

Für das Auslegen des Badebeckens mit Sandsteinen wählen Sie entweder ganz flache, etwa 3 cm dicke Sandsteine oder Sie schlagen mit einem Hammer ein paar Steine in flache Stücke und verwenden diese. Legen Sie das Badebecken nun mit den gewünschten Steinen aus. Nicht alle Steine sollten gleich hoch sein. Die höheren Steine, die aus dem Wasser ragen, sind meist der Anflug- bzw. Anhüpfpunkt für die Vögel.

Vermauern Sie keine glatten Granitsteine oder Fliesen, denn die Vögel brauchen im nassen Badebecken einen guten Halt.

Haben Sie die Steinkombination inklusive Randsteine für das Badebecken ausgesucht, werden diese nun einzementiert. Hierfür können Sie alle Steine wieder herausnehmen und neben dem Badebecken genauso ablegen oder Stein für Stein hochheben und einzementieren. Der Zementmörtel sollte aber für die richtige Stabilität mindestens 3 cm dick auf die Teichfolie aufgetragen werden. Die sauberen und nassen Steine drücken Sie nun etwas in den frischen Mörtel.

Solange der Mörtel noch weich ist, können Sie jetzt die gewünschte Höhe des Wasserstandes durch ein Verschieben des Ablaufrohres einstellen. Die Höhe des späteren Wasserstandes sollte durch unterschiedlich hohe Steine 0 cm, 1 cm und 2 cm betragen. So werden Sie den unterschiedlichen Badeansprüchen der Finken und Sittiche gerecht: Bourkesittiche wollen eher trockenen Fußes baden, Prachtfinken gern in 1 cm Wassertiefe und die Badenixen Ziegensittiche lieber etwas tiefer, da sie beim Baden auch den Kopf ins Wasser tauchen.

Man kann das Badebecken auch ohne Steine nur mit Zementmörtel herstellen. Dafür sollten Sie den Mörtel – für eine gute Optik – mit Zementfarbe einfärben. Das fertige Badebecken mit dem frischen Mörtel „bestreuseln" Sie abschließend noch mit grobem, hellem Bausand und einigen Kieselsteinen. Das ergibt nach der Aushärtung eine etwas natürlichere Optik und rauere Oberfläche.

Auf den Wasserablauf des Badebeckens …

Links und rechts des Ablaufrohres benötigen Sie zwei etwas höher eingemauerte Steine, auf die Sie später einen flachen Stein legen, der die Öffnung des Rohres abdeckt, sodass das Wasser abfließen kann, die Vögel aber nicht in das Rohr gelangen können.

Das Badebecken sollten Sie unbedingt vom Einlauf bis zum Ablauf eher länglich statt rund gestalten. So werden Schmutz und Schadstoffe, wie zum Beispiel durch Vogelkot, bei einem laufenden Wasserfall viel besser in Richtung Ablauf abtransportiert. Sollte sich später während des Betriebs hinter einem Stein Schmutz sammeln und durch die Strömung nicht weggespült werden, können Sie solche strömungsarmen Stellen mit Mörtel abflachen.

… wird ein flacher Stein gelegt, damit die Vögel nicht in das Rohr geraten.

Nach der Aushärtung des Mörtels stecken Sie einen 90-Grad-Rohrbogen – jetzt mit den Dichtungen – auf das Ablaufrohr unterhalb des Badebeckens. Dafür müssen Sie das Badebecken kurzzeitig teilweise unterhöhlen. Durch weitere Rohrverlängerungen und mit einem Gefälle können Sie nun den Ablauf aus der Voliere leiten. Ob Sie das Wasser nun in eine tiefere Stelle des Gartens fließen lassen (dann aber mit einem Gitter dafür sorgen, dass Mäuse keinen Zugang finden), an das Hausabwasser mit anschließen oder das Wasser in eine vergrabene Sickergrube leiten, ist völlig egal, solange es abfließen und versickern kann. Denkbar wäre ein vergrabener Bottich, Betonring oder Ähnliches, was Sie im Idealfall immer mal wieder kontrollieren können.

Falls der Ablauf mal stockt (ist bei uns trotz Blätter oder Moosstückchen aber noch nie vorgekommen), können Sie die Verstopfung mit dem Gartenschlauch von der Voliere aus rausspülen.

Sie können den Ablauf auch wieder an die Vorfilter der Regenwasseranlage anschließen und das Wasser wiederverwenden, sofern Sie einen Regenwassertank besitzen und das Regenwasser für die Voliere nutzen. Das zurückgeleitete Regenwasser ist auch nicht mehr keimbelastet, als wenn das Regenwasser vom Hausdach des Wohnhauses kommt. Und so kann man den Wasserfall auch mal etwas länger laufen lassen, ohne den Regenwassertank zu schröpfen.

Das frisch zementierte Badebecken dürfen Sie mehrere Tage nicht belasten, damit der Mörtel gut aushärten kann. Mit dem gesamten Körpergewicht würde ich das Becken erst nach einigen Wochen belasten. So lange braucht der Mörtel, um vollends auszuhärten.

Die Steine wurden sorgfältig im Wasserfall vermauert.

Das Becken muss in dieser Aushärtungsphase immer wieder nass gemacht werden, damit der Mörtel nicht zu schnell austrocknet. Also jeden Tag mal mit dem Wasserschlauch ansprühen! Es kann auch Wasser im Becken stehen bleiben. Der Mörtel härtet auch unter Wasser.

Das PE-Rohr für den Wasserzulauf fixieren Sie nun an der Wand, wo der Wasserfall entstehen soll. Sie können das Wasser in jeder beliebigen Höhe dem Badebecken zulaufen lassen. Besonders reizvoll ist das natürlich in einer möglichst großen Höhe – mit mehreren kleinen Wasserfällen und

Mulden, wo das Wasser mal steht, mal schnell fließt usw. Die Steine, die Sie jetzt hochmauern, müssen Sie besonders gut mit Mörtel abdichten, damit das Wasser einigermaßen komplett im Badebecken landet.

Und immer wieder sollten Sie mit dem Gartenschlauch den Wasserzulauf simulieren, kontrollieren und korrigieren. Sollte das Wasser mal einen falschen Weg einschlagen, können Sie mit kleinen Sandsteinen und Mörtel den Wasserverlauf wieder verändern.

Bevor Sie die gewünschte Höhe erreichen, müssen Sie das Wasserzulaufrohr in einem Bogen so verlegen, dass die Öffnung nach unten zeigt. Den Wasserzulauf vermauern Sie versteckt zwischen die Steine.

Sind die Vögel später eingezogen, sollten sie zwei- bis dreimal täglich den Wasserfall jeweils für ein paar Minuten laufen lassen, damit das Wasser möglichst nicht verkeimt.

TIPP

Für den Volieren-Gartenschlauch sollten Sie einen wiederum frostfesten Wasseranschluss (die üblichen Kunststoff-Anschlüsse platzen im Winter) im Außenbereich installieren oder den Wasseranschluss des Waschbeckens im Vorraum nutzen. Dafür gibt es im Fachhandel einen praktischen, in jede Richtung dreh- und verstellbaren Adapter, den Sie auf den Wasserhahn aufschrauben.

Ein frostfester Kunststoff-Wasserhahn für die PE-Wasserrohre als Verschluss für den Wasserfall-Zulauf ist bei uns direkt am Wohnhaus montiert.

Ein sehr aufregender und stolzer Moment, wenn nach ein paar Tagen „Wasserfall marsch“ angesagt ist!

Offensichtlich kommt der Wasserfall bei den Volierenbewohnern gut an.

TIPP

Niemals dürfen Landezweige oder Seile über dem Badebecken angebracht werden. Ein vollgekotetes Badebecken wäre die Folge.

Einmal wöchentlich putze ich unser Badebecken bei laufendem Betrieb mit einer Autofelgenbürste und/oder spritze das Becken mit meinem Volieren-Gartenschlauch mit hartem Strahl aus.

Die Sandsteinwand

Die Sandsteinwand braucht auch ein Fundament, um später nicht abzusacken. Dazu heben Sie einen etwa 20 cm tiefen Graben aus. Um das Fundament zusätzlich zu stabilisieren, bohren Sie alle 50 cm Löcher in die Rückwand und bestücken diese Bohrlöcher mit Dübeln und langen verzinkten Schrauben. Diese Schrauben sollen das Absacken des Fundamentes verhindern. Jetzt füllen Sie den Graben mit Steinresten aus und geben etwas flüssigeren Betonmörtel hinein. Das ist eine spezielle Mörtelmischung für Fundamente.

Lassen Sie das Fundament mehrere Tage aushärten, bevor Sie es belasten.

Die Betonplatten dienen als Fundamente und als Rückwand der Sandsteine.

Nun beginnt die zeitraubende Arbeit an der Sandsteinmauer. Die größten Sandsteine kommen in die unterste Reihe. Sandsteine müssen immer nass vermauert werden, damit der Mörtel nicht zu schnell austrocknet, da trockene Sandsteine dem Mauermörtel das Wasser entziehen. Dann verbindet sich der Mörtel nicht gut mit dem Sandstein und die Vermauerung wird instabil.

Sie können den Mörtel mit Zementfarbe einfärben, sodass der Mörtel auch eine Sandsteinfarbe bekommt. Die Sandsteine sollten eine tragbare Größe haben bis etwa 20 x 20 cm. Steht die erste Reihe, legen Sie die nächsten Sandsteine ohne Mörtel darauf. Die Steine sollten auch ohne Mörtel relativ fest stehen oder – noch besser – sich verkeilen. Das ist eine richtige Puzzelarbeit, ist aber wichtig für die Stabilität der Sandsteinmauer.

Haben Sie den jeweils passenden Stein und die richtige Lage gefunden, heben Sie den Stein wieder an und geben eine oder mehrere Kellen Mörtel auf die Mauerstelle. Den nassen Sandstein drücken Sie nun wieder in die vorgesehene Position. Wenn Sie die Mörtelfugen nicht glatt streichen, sieht das später noch natürlicher aus.

Steht die zweite Reihe, bohren Sie Löcher knapp über oder zwischen den Sandsteinen und schlagen sogenannte Schlaganker mit den passenden Dübeln ein. Schlaganker sind etwa 20 cm lange Edelstahlstäbe. Diese werden nicht eingeschraubt, sondern mit einem Hammer und dem Dübel direkt in das Bohrloch geschlagen. Danach werden die Schlaganker umgebogen und mit eingemörtelt.

Steht eine neue Reihe, werden die Steine dann mit nicht zu flüssigem Mörtel an der Rückwand fixiert. Der Mörtel sollte so zähflüssig sein, dass er noch gerade hinter/zwischen den Steinen in die Hohlräume fließt. Seien Sie jetzt nicht sparsam mit dem Mörtel. Viel hilft viel, und Hohlräume, also „Eigentumswohnungen“ für Mäuse, sollen ja nicht entstehen. Und auch Vögel zwängen sich manchmal in die engsten Steinritzen auf der Suche nach Bruthöhlen.

Pro Tag sollten Sie nicht mehr als zwei Reihen vermauern, um die Stabilität nicht zu gefährden. Nach getaner Arbeit müssen Sie immer die vermauerten Steine nochmal mit dem Gartenschlauch leicht übersprühen, damit der Mörtel nicht zu schnell austrocknet.

Über jeder neuen gemauerten Reihe fixieren Sie immer wieder die Schlaganker. Nach oben sollten die Sandsteine eher etwas kleiner werden. Es sieht allerdings sehr natürlich aus, wenn Sie hin und wieder einen größeren Stein aus der Wand herausschauen lassen. Diese Steine fixieren Sie extra mit Schlagankern und zementieren sie besonders gründlich ein. Später sind solche Steine besonders beliebte Landestellen und Aufenthaltsorte für die Vögel.

Auf die oberste Reihe Steine kommt abschließend eine einigermaßen glatt gestrichene Schicht Mörtel. Auf den noch frischen Mörtel können Sie weißen Bausand geben und leicht andrücken. Fegen Sie nach zwei bis drei Tagen den Sand wieder herunter, bleibt eine körnige, feste Oberfläche. Diese Schicht sollte nach vorne leicht abfallend sein. Da die Vögel sehr gern oben auf der Mauer sitzen und auch koten, lassen sich so diese Landestellen leichter reinigen. Im überdachten Bereich wird auf diese Schicht noch Lehm aufgetragen. Dann lässt sie sich mit einer weichen Drahtbürste ganz leicht auch trocken säubern.

Steht die ganze Mauer, stopfen Sie mit etwas festerem Mörtel die noch vorhandenen Löcher zwischen und unter den Sandsteinen aus. Eventuell können Sie mit einer Taschenlampe von unten doch noch einige Hohlräume entdecken. Wenn Sie Löcher oder Hohlräume übersehen – kleine Finken und Mäuse würden sie garantiert finden. Mäuse könnten sich dort schon häuslich einrichten, solange die Voliere noch im Bau ist. Und sind die Mäuse erst einmal drin, ist es später schwer, sie wieder loszuwerden.

Zum Füllen der Löcher nehmen Sie eine große Kelle mit einem etwas festeren Klumpen Mörtel und einen Fugenspachtel zum Stopfen. Es sieht natürlicher aus, wenn der Mörtel eingefärbt ist und gerade so eben die Löcher verschließt.

Die Vögel werden später in den vermoosten Ritzen nach Spinnen, Insekten und Moos picken und kratzen. Das ist wichtig für die geistige und körperliche Auslastung der Vögel. Krallen und Schnabel werden dabei auf natürliche Weise abgenutzt und die Vögel nehmen tierische, pflanzliche und mineralische Nährstoffe auf.

Das Vogelhaus

Das angrenzende Vogelhaus, das vor allem für die Nachtruhe dient und bei schlechtem Wetter und im Winter Schutz bietet, muss mehrere Voraussetzungen erfüllen:

- Es soll gegen Wärme und Kälte isolieren.
- Die Formgestaltung des Gebäudes sollte individuell sein.
- Die Außengestaltung sollte natürlich wirken.
- Das Baumaterial sollte leicht zu handhaben und zu verbauen sein.
- Die Oberflächen für den Lehm- und Zementputz sollten porös sein.
- Fenster bzw. Lichteinfall über Glasbausteine sind notwendig.
- Der Vorraum/Arbeitsraum muss als Schleuse dienen.
- In den Vorraum gehören Waschbecken, Wasser- und Stromanschluss, flackerfreie Lampen, Regale und eine Arbeitsplatte.

Die Wände

Das einzige für mich geeignete Material zum Bauen des Vogelhauses waren **Gasbetonsteine**. Diese Steine müssen unbedingt **mit Gasbetonkleber** vermauert und anschließend verputzt werden. Er heißt zwar Kleber, sieht aber wie Gips aus und wird auch so verarbeitet.

Wenn Sie den Fehler machen, den Gasbeton mit Zementmörtel zu vermauern, trocknet der Mörtel wegen der porösen Oberfläche zu schnell aus. Die Fugen zwischen den Steinen sind dann eventuell nicht dicht, können bei Regen Wasser ziehen und dann auch bei Frost platzen, da sich frierendes Wasser ausdehnt.

Gasbetonsteine sind weiße, leichte, aufgeschäumte Betonsteine. Durch die eingeschlossenen Luftbläschen isolieren sie gut gegen Kälte und Hitze. Sie lassen sich sehr schnell und leicht passend zurechtsägen – selbst per Hand mit einer Fuchsschwanzsäge.

Zuerst malen Sie wieder die Umrisse für das Haus in den Sand. Verwenden Sie jeden Meter an Grundfläche, den Sie kriegen können! Zum einen brauchen die Vögel genügend Flugraum (sie müssen sich ja im Winter einige Monate hauptsächlich dort aufhalten), zum anderen brauchen Sie im Vorraum einiges an Platz für Regale, Arbeitsplatte, Eimer, Werkzeug, Besen, Harke, Gartenschlauch und eventuell eine kleine zweite Schleuse.

Sie können mit den Gasbetonsteinen sehr individuelle Hausgestaltungen planen. Das macht den Hausbau kurzweilig und spannend.

Hier sieht man die Betonplatten als Fundamente und mit den für das spätere Vogelhaus aufgemauerten Gasbetonsteinen.

Die Gasbetonsteine bekommen Sie in verschiedenen Stärken. Die ideale Wandstärke ist 7,5 cm. Eine Dicke von 5 cm ist etwas instabil (aber machbar). 10 cm Wandstärke ist zwar superstabil und isoliert noch besser, aber auch teurer und benötigt mehr Raum.

Sparen Sie die Eingangstür aus – irgendwie müssen Sie ja beim Mauern ständig ins Haus kommen. Die zweite Tür zum Volierenflugraum und die Fenster können Sie später mit einer Elektrofuchsschwanzsäge aussägen. Einfacher ist es aber, die Tür zur Voliere auch auszusparen und die Fenster/Glasbausteine gleich mit einzumauern.

Wenn Sie die erste Reihe beim Mauern mit einem ganzen Stein anfangen, sollte dann die zweite Reihe mit einem halben Stein beginnen usw.

TIPP

Den Gasbetonkleber müssen Sie unbedingt so dick auftragen, dass er überall etwas aus den Ritzen herausquillt. Dafür geben Sie den Gasbetonsteinen beim Vermauern ein paar leichte Schläge mit einem Gummihammer.

Zunächst werden nur die Außenwände hochgezogen.

Ob Sie bei Rundungen oder Schrägen die Steine vorher zurechtsägen oder überstehende Kanten später wieder absägen, ist unerheblich. Das Haus bekommt später sowieso einen Außenputz und innen einen Lehmputz.

Sie können in fertig hochgemauerte Wände nach der Aushärtung des Klebers nachträglich mit einer Elektrofuchsschwanzsäge gewünschte Öffnungen wie zum Beispiel die Einflugöffnungen sägen.

Ziehen Sie zunächst nur die Außenwände hoch. Die Innenwand, als Abtrennung zwischen Vorraum und Vogelraum, können Sie nachträglich einmauern.

Die Fenster

Ob Sie für den Lichteinfall Glasbausteine, eine Thermoscheibe oder ein Fenster inklusive Rahmen mit einmauern, ist eigentlich egal. Am einfachsten wäre es sicherlich, Glasbausteine zu verwenden. Hauptsache, es dringt genügend natürliches Sonnenlicht ins Haus. Besonders die Morgensonne ist für die früh wach werdenden Vögel wichtig. Die Fenster sollten dementsprechend **nach Osten** ausgerichtet werden.

Wenn Sie ein Fenster mit Rahmen nicht mit einmauern, sondern nachträglich einsetzen, ist ein besonders sorgfältiges Verspachteln des Rahmens mit Gasbetonkleber wichtig.

Kommen Sie an gewisse Stellen nicht mit dem Kleber heran, sollten Sie die Steine vom Innenraum aus mit einem Werkzeug aufkratzen und dann verspachteln. Ansonsten würde Regenwasser diese Stellen durchdringen.

Fenster mit Einfachverglasung sind nicht empfehlenswert, da dann Kondenswasser innen an der Scheibe herunterlaufen würde. Ein hoher K-Wert (Isolierwert) der Scheibe ist aber auch nicht wichtig. Die Einflugöffnungen machen sowieso jeden K-Wert zunichte. Eine einfache Isolierverglasung reicht daher völlig aus.

Einfache, billige Kellerfenster aus dem Baumarkt sind nicht zu empfehlen, denn sie lassen sich oft nicht besonders gut verschließen, sodass bei Regen Wasser durch die Dichtungen dringt.

Holzfenster sind nur in unbehandeltem Zustand aus Eiche, Mahagoni, Lärche, Polarkiefer oder anderen unempfindlichen Hölzern empfehlenswert. Lackierte Hölzer enthalten so viel Giftstoffe, dass man sie zumindest Sittichen nicht anbieten sollte, da diese Vögel auch gern mal daran nagen.

Kunststoff oder Alufenster sind unbedenklich. Am natürlichsten sehen aber unbehandelte Holzfenster aus – besonders wenn sie im Laufe der Zeit durch Sonnenlicht grau werden. Sie werden dann zwar mal etwas klemmen und sich etwas verziehen, vielleicht auch etwas Luft durchlassen – aber wen interessiert das. Es soll ja kein Null-Energiehaus werden.

Man kann die Holzrahmen jährlich mit Bienenwachs oder Leinöl behandeln. Notwendig ist das aber bei den oben genannten Hölzern nicht unbedingt. Bei einfachen Kiefern- oder Fichtenholzrahmen sollte man die Fenster zumindest nicht dem Regen aussetzen. Hören Sie sich doch etwas herum. Hin und wieder findet man auch unbehandelte Holzfenster sehr günstig, zum Beispiel wenn Fenster für den vorgesehenen Zweck nicht gepasst haben.

Alternativ können Sie auch eine Isolierglasscheibe direkt ohne Rahmen in den Gasbeton einkleben. Sägen Sie hierfür mit einer Elektrofuchsschwanzsäge eine Öffnung in die Gasbetonwand, die rundum etwa 5 cm kleiner als das Fenster ist. Mit einem Akkuschrauber und einem zylinderförmigen, groben Holzfräskopf fräsen Sie, vom Innenraum aus, in der Größe der Scheibe etwa 3,5 cm von der 7,5 cm Wandstärke heraus. Die jetzt offenporige Oberfläche versiegeln Sie mit Gasbetonkleber. Ist der Kleber trocken und hart, geben Sie auf den jetzt entstandenen Rahmen Silikon und drücken die Scheibe vorsichtig dagegen, aber so, dass kein Silikon auf der Außenseite herausquillt. Ist das Silikon „ausgehärtet", fräsen Sie außen eine Schräge an die untere Kante, damit später kein Wasser dort stehen kann. Füllen Sie jetzt außen in die Rille zwischen Gasbeton und der Scheibe wieder Gasbetonkleber. So können Sittiche das Silikon nicht herausknabbern.

Alle offenporigen Kanten werden mit einer groben Holzfeile leicht abgerundet und mit zähflüssigem Gasbetonkleber angestrichen. Später können Sie den Zementputz direkt bis an die Scheibe anbringen. Auf der Innenseite schneiden Sie mit einem scharfen Cutter überstehendes Silikon ab und spachteln einen Rahmen aus Lehmputz gegen die Scheibe.

Da Scheiben für Vögel irrtümlicherweise kein Hindernis darstellen, würden sie immer wieder gegen die Scheiben fliegen – manchmal mit tödlichem Ausgang. Um das zu vermeiden, können Sie von vornherein eine Drahtglasscheibe einsetzen, die ein sichtbares Gitter beinhaltet. Wenn Sie Normalglasscheiben verwenden, brauchen diese eine optische Grenze aus Aufklebern, Bambusstäben, dünnen Zweigen oder Ähnlichem.

Die Fenster vom Vogelhaus im Rohbau.

Die können Sie aufhängen, einklemmen, in einen separaten Holzrahmen einbauen oder mit Lehmputz an die Innenwand kleben.

Am einfachsten ist es, auf der Innenseite so viele etwa 5 mm breite Klebestreifen an die Scheibe zu kleben, dass sich die Vögel nicht trauen „durchzufliegen“.

Einflugöffnungen

Für die Einflugöffnungen eignen sich eingekürzte KG-Rohre (ohne Gummidichtung) mit 10 cm Durchmesser. Die sind später leicht zu säubern und lassen sich mit dem passenden Deckel jederzeit von außen verschließen.

Eine Einflugöffnung kommt ganz oben unters Dach, eine in die Mitte der Wand und eine dritte in Bodenhöhe. Denn eventuell möchten Sie später mal kleine, auf dem Boden lebende Zwergwachteln oder Ähnliches halten, dann wäre der nachträgliche Einbau einer bodennahen Öffnung zwar machbar, aber immer aufwändig.

Die mittlere und obere Einflugöffnung bekommt später jeweils außen einen Anflugast. Den montieren Sie an einem kleinen Asthalter, den Sie mit einem metallenen Rigipsdübel im Gasbeton befestigen können.

Die Einflugöffnungen sollten versetzt angeordnet sein.

Damit die Vögel sich nicht gegenseitig ankoten, dürfen die drei Einflugöffnungen nicht in einer Linie übereinander, sondern müssen versetzt angeordnet werden.

Die KG-Rohre sollte man außen stark anrauen und dann mit Gasbetonkleber in die vorgesehen Öffnung kleben.

Im Winter nutzen Sie nur die mittlere Öffnung – so staut sich die Wärme im oberen Bereich, wo sich die Vögel aufhalten und auch die Schlafabteile sind. Im Sommer nutzen Sie zwei oder drei Öffnungen, so kann bei der oberen Öffnung die gestaute Hitze abziehen und unten kommt Frischluft nach.

Sind gerade Mäuse zu Gast in der Voliere, müssen Sie die untere Öffnung verschließen, damit der Zugang zum Haus erschwert wird. Finden die Mäuse aber über den rauen Zementputz den Weg über die mittlere oder obere Öffnung, befestigen Sie eine Plexiglasscheibe oder Ähnliches um die Einflugöffnung herum. Auf der glatten Oberfläche finden die Mäuse keinen Halt.

Einflugöffnung ohne Deckel (a) und mit Deckel (b).

Die Dachkonstruktion

Das Hausdach ist besonders wichtig und muss sorgfältig geplant und gebaut werden. Es muss auf Dauer einer Schneelast, einer Person für Abdichtarbeiten und auch dem Regen standhalten. Eine mindestens 10 cm abfallende Schräge für den Regenwasserablauf ist notwendig. Die Schräge sollte man weder in Richtung Eingangstür noch Voliere planen.

Für eine möglichst harmonische Optik hatte ich mich dazu entschlossen, alle Wände gleichhoch zu mauern. Die Dachschräge unseres Schutzhauses sollte nicht sichtbar in der Decke eingelassen sein. Die somit entstehenden Umrandungen würden auch den Wasserablauf in eine Richtung zwingen.

Das Vogelhausdach von oben gesehen.

Die **Dachbalken** sollten mindestens 4 x 6 cm stark sein – besser aber stärker. Das Holz muss unbehandelt und gehobelt oder geschliffen sein.

Sie können weiche Hölzer wie Kiefer, Fichte oder Lärche verwenden. Diese lassen sich viel einfacher verarbeiten. Wenn Sie später Schlafabteile, Seile und Deko montieren möchten oder öfter umdekorieren, kann man dann Schrauben, Haken und Ösen ohne Vorbohren leicht montieren.

Falls Sie lieber Harthölzer nutzen wie Bankirai, Robinie oder Dauerholz (= haltbares einheimisches Holz, siehe www.dauerholz.de), müssen Sie für die Verschraubungen selbst schneidende Hartholz-Edelstahlschrauben verwenden. Diese können Sie ohne Vorbohren verschrauben. Dafür benötigen Sie allerdings einen kräftigen Akkuschrauber und einen Ersatz-Akku, da diese kräftezehrende Verschraubung ordentlich Leistung erfordert.

Die Balken liegen in den Außenwänden auf. Dafür sägen Sie kleine Öffnungen in die Außenwände. Die Balken schließen nun mit der Außenseite der Wände ab. Der Balkenabstand zueinander sollte höchstens 50 cm betragen – besser aber weniger. Die Hohlräume um den Balken müssen wieder mit Gasbetonkleber zugespachtelt werden.

Im Innenraum entlang an den Außenwänden montieren Sie ebenfalls die Dachbalken, die Sie von außen durch den Gastbeton verschrauben können. Ein

TIPP

Holzbalken müssen immer hochkant verlegt werden – so sind sie, bei vertikaler Belastung, viel stabiler. Die Stirnholz-Schnittkanten der Balken, die durch die Außenwand nach draußen zeigen, müssen mehrmals lackiert werden, damit keine Feuchtigkeit in das Stirnholz eindringen kann.

Paar Schrauben mehr bedeutet hier Verteilung der Lasten. Die Schraubköpfe werden etwa 1 cm tief im Gasbeton versenkt und dann mit Gasbetonkleber zugespachtelt.

Sie können die Dachbalken auch einseitig mit etwa 2 mm starken Lochblechen verstärken, indem Sie diese Lochbleche seitlich mit vielen Schrauben an die Balken anschrauben. Das vermindert enorm das Durchbiegen der Balken bei starker Belastung. Später werden diese Lochbleche mit Lehmputz verkleidet.

Die Lochbleche dienen zum Stützen der Balken.

Bevor Sie die Balken einsetzen, legen Sie eine OSB-Holz-Platte von mindestens 12,5 mm Stärke als „Dach" auf die Hauswände und zeichnen im Haus von unten mit einem Stift die Umrisse nach.

Wenn später die Balken eingesetzt sind, legen Sie nun diese, jetzt passgenau gesägten, **OSB-Platten** als erste Dachdecke auf die Balken und verschrauben diese von oben mit den Dachbalken. Somit sind jetzt auch die Balken in ihrer Position fixiert.

Haben Sie mehrere OSB-Platten genutzt, werden die Schnittkanten zwischen den OSB-Platten mit Holzleim verleimt. Mit einem Pinsel und viel Leim streichen Sie die Schnittkanten von oben möglichst dicht.

OSB-Holz-Platten bilden das Dach.

Die Ränder der OSB-Platten müssen nun von oben mit Bitumenkaltkleber gut abgedichtet werden, und zwar über mehrere Tage und in mehreren Schichten, bis nichts mehr in die Ritzen nachsickert. Damit der Bitumenkaltkleber nicht in das Hausinnere zwischen Balken und Wand an der Wand herunterläuft, dichten Sie die Zwischenräume von unten mit Lehmputz ab (50 % Lehm, 50 % Sand, Wasser).

Der Sand für sämtliche Lehmputzarbeiten sollte heller, feiner Bausand ohne Steinchen sein. Den Lehmputz lassen Sie antrocknen, dann erst dichten Sie die OSB-Platten von oben ab.

Nun muss das Dach noch gegen Wärme, Kälte und Regen isoliert werden. Das ideale Material sind **Baustoffplatten**. Das sind Hartschaumplatten mit fester, grauer Beschichtung. Sie sind leicht, stabil, witterungsbeständig, wasserfest und isolieren sehr gut. Nehmen Sie nicht eine dicke Platte, sondern verwenden Sie, je nach Stärke, zwei bis drei etwas dünnere Platten – aber mit versetzten Kanten. Eine Isolierstärke von insgesamt etwa 6 cm sollte es schon sein. Jede einzelne Schicht wird mit einigen langen Schrauben mit den Balken und kurzen Schrauben mit den OSB-Platten verschraubt.

Die Baustoffplatten kleben Sie mit viel Bitumenkaltkleber und versetzten Nähten bzw. Kanten auf die jeweils untere Platte. Die Außenränder werden wieder so lange mit Bitumenkaltkleber abgedichtet, bis nichts mehr in den Hohlraum nachsickert.

An der Seite, wo das Regenwasser ablaufen soll, lassen Sie die höheren Seitenwände weg. Je nachdem, ob Sie eine Regenablaufrinne montieren, müssen Sie die Baustoffplatten (nicht die OSB-Platten!) an der Regenablaufseite entsprechend weit überstehen lassen.

Als Deckschicht letztendlich kommt **Dachpappe**. Diese muss möglichst faltenfrei mit Bitumenkaltkleber aufgeklebt werden. Auch hier dürfen Sie den Kleber nicht zu knapp bemessen. Mit einem großen, breiten Pinsel bestreichen Sie vor der Verklebung beide Flächen, sowohl die OSB-Holzplatte als auch die Dachpappe.

Fangen Sie unten an der Schräge an, die nächste Dachpappe sollte dann die vorherige mindestens 10 cm überlappen. An den Rändern sollte die Dachpappe mehrere Zentimeter hochstehen oder auch nach unten umgeklappt werden – je nachdem, wie Sie den Dachrand/Überstand gestalten.

Als Abschluss erfolgt ein dicker Anstrich aus Bitumenkaltkleber. Besonders Nähte und Ränder sollten Sie mehrmals nachstreichen.

Für die Bitumenarbeiten sollten Sie Arbeitskleidung und Schuhe tragen, die Sie hinterher notfalls wegwerfen können – denn ohne Flecken geht das garantiert nicht. Auch Einmalhandschuhe schützen vor ewigem Schrubben an den Händen.

TIPP

Bitumendachlack ist keine Alternative, auch wenn der Baumarkt das empfiehlt. Der Lack ist zu dünn und hat eigentlich keine Funktion.

Möchten Sie das Dach des Schutzhauses eher begrünen, können Sie einen Gasbetonrand rundum planen. Wenn alles wie beschrieben fertig, mit Wasser getestet und dicht ist, kommt zusätzlich noch eine Teichfolie aufs Dach mit hoch stehender Folie und einer Aluminiumkante, die den Teichfolienrand wieder abdeckt bzw. überlappt. Natürlich brauchen wir trotzdem einen gut funktionierenden Wasserablauf, denn wir wollen ja keine Teichpflanzen einsetzen.

Befüllen Sie das Dach mit einer etwa 7 cm dicken Schicht brauner Lava und ein paar Schaufeln Komposterde. Um die Folie vor Druckstellen durch die scharfkantige Lava zu schützen, können Sie noch eine Kokosmatte auf die Folie legen. Für den Anfang kann man Fettgewächse pflanzen – alles andere kommt dann von allein.

Auf dem Dach siedeln sich mit der Zeit viele Pflanzen an.

Die Bodenplatte

Für die Bodenplatte im Haus haben wir auch Gasbetonsteine verwendet. Sie isolieren sehr gut und die Arbeit ist schnell und leicht auszuführen.

Harken Sie den Sandboden im Haus glatt und stampfen ihn möglichst fest. Sie können die Gasbetonsteine für den Boden mit Folie und 2 cm dicken Styroporplatten unterfüttern, notwendig ist das aber nicht.

Auf den Boden legen Sie nun die Gasbetonsteine. Zwischen den Steinen lassen Sie immer ein paar Millimeter Platz, damit später der Mörtel dort hineinfließen kann.

Der Mörtel muss recht dünnflüssig sein, damit er in die Fugen fließt.

Durch eine Barriere beim Einstieg in den Vogelraum kann der Sand nicht herausrieseln.

Stromkabel und Wasserrohre sollten jetzt ihre endgültige Position bekommen. Als Letztes rühren Sie den Zement-Mauermörtel dünnflüssig an und gießen ihn auf die Gasbetonsteine. Im Gegensatz zu den Mauerarbeiten nutzen Sie dafür keinen Gasbetonkleber.

Mit einem Abzieher sorgen Sie dafür, dass er in alle Ritzen fließt. Arbeiten Sie sich von hinten bis zur Türöffnung vor. Lassen Sie den Mörtel einige Tage austrocknen und wiederholen Sie den Vorgang, bis Sie eine halbwegs glatte Bodenplatte haben. Wiederum einige Tage aushärten lassen, bis der Boden begehbar ist.

Die Innenwand

Die Trennwand zwischen Vorraum und Vogelraum wird genauso aufgebaut wie die Außenwände. Zur Verbesserung der Stabilität können Sie die Wand etwa in der Mitte leicht angewinkelt weitermauern. Solche angewinkelten Wände haben im Gegensatz zu geraden Wänden viel mehr Stabilität.

Die Türöffnung vom Vorraum zum Vogelraum reicht nicht bis zur Bodenplatte, sondern hört etwa 20 cm über der Bodenplatte auf. So müssen Sie zwar in den Vogelraum einsteigen, aber wenn Sie 10 cm Sand in den Vogelraum einbringen, soll er ja nicht durch die Tür wieder herausrieseln.

Die Gasbetonsteine über der Türöffnung können Sie beim Vermauern vor dem Herunterfallen bewahren, indem Sie Edelstahl-Schlaganker unter dem eingemauerten Stein als Stütze in die Gasbetonwand schlagen. Wenn der Kleber getrocknet ist, ziehen Sie die Schlaganker einfach wieder heraus.

Die Türöffnung zum Vogelraum sollte klein sein, damit Ihnen kein Vogel beim Betreten entweicht, aber doch so groß, dass Sie später den Vogelraum zum Beispiel mit einem Putzeimer betreten können.

Zweiter Schleusenraum

In Volierenhäusern, bei denen der Vorraum gleichzeitig als Arbeitsraum und als Schleuse dient, besteht immer die Gefahr, dass sich mal ein Vogel hinter Kisten oder Futternäpfen versteckt und übersehen wird. Besonders Ziegensittiche klettern in die engsten Lücken. Öffnen Sie dann das nächste Mal die Außentür, ist der Vogel ruckzuck entflogen.

Ein leerer, zweiter Schleusenraum schafft dann Sicherheit. Der Raum kann sehr klein sein, wenn sich die innere Tür nach innen und die Außentür nach außen öffnen lassen.

Duschvorhang-Schleuse

Ist für eine zweite Schleuse kein Platz, können Sie leicht aus einem ausrangierten Duschvorhang einen Lametta-Vorhang schneiden.

Solche Vorhänge kennen Sie vermutlich aus den Besuchen von Zoos – nur dass sie dort viel dicker sind. Wenn Sie die Tür vom Vorraum zur Außenvoliere mal ein paar Sekunden länger offen lassen müssen, traut sich durch den Vorhang wohl kein Vogel und man muss den Vorraum hinterher nicht so gründlich nach einem möglichen Ausreißer durchsuchen.

Nachdem Sie den Vorhang in der Länge und Breite zugeschnitten haben, schneiden Sie ihn der Länge nach im Abstand von etwa 10 cm in Streifen. Oben lassen Sie den Vorhang 10 bis 20 cm im Ganzen. So können Sie den Vorhang hinter der Tür zur Voliere an den Holzrahmen schrauben.

Beobachtungsfenster mit Futterklappe

Um die Vögel beim Fressen, Balzen oder auch bei eventuellen Krankheitsfällen beobachten zu können, ist der Einbau eines vergitterten Beobachtungsfensters in die Trennwand zwischen Vorraum und Vogelraum sinnvoll.

So kann ein Beobachtungsfenster mit Futterklappe aussehen.

Ich habe hierzu mit einer Elektrofuchsschwanzsäge eine passende Öffnung in die Gasbetonwand gesägt. Natürlich können Sie auch von vornherein die Öffnung beim Bau aussparen. Aus dem Volierengestänge und Volierendraht habe ich dann ein Fenster mit Futterklappe angefertigt. Das war einfach und schnell zu bewerkstelligen.

Den Rahmen verschrauben Sie am besten passgenau in die Wand: einfach den Alurahmen an mehreren Stellen durchbohren und ohne Dübel und ohne Vorbohren mit sehr langen Schrauben direkt in den Gasbeton schrauben. Anschließend kann der Rahmen mit Lehm angeputzt werden.

Futterbrett

Ein Futterbrett ist ein idealer Fressplatz. Hier kann gleichzeitig ein ganzer Schwarm von Vögeln fressen. Das ist natürlicher und gut für das Sozialverhalten.

Der Tisch ist gedeckt!

Sperrholz wäre dafür viel zu dünn. Nehmen Sie eine wenigstens fingerdicke Tischlerplatte (Leimholz) mit etwa 2 cm hohen Holzkanten.

Angebracht wird das Brett ungefähr 20 cm unter der Futterklappe an der Wand zum Vorraum. So gelangen kein Sand, keine Hülsen usw. durch den Draht auf die Arbeitsplatte. Mit zwei langen, dünnen Schrauben (direkt durch den Gasbeton) und einem Holzbrettchen als „Unterlegscheibe“ schrauben Sie das Futterbrett direkt an die Wand. Ein kleines Brettchen unter dem Futterbrett stützt den neuen Fressplatz dauerhaft ab.

Nach der Montage können Sie das Futterbrett noch mit Lehmputz verkleiden und mit Lehmschlämme anstreichen. So sind spätere Reinigungen deutlich einfacher. Gefüllt wird das Futterbrett mit weißem, feinem Sand (Silbersand).

Einmal pro Woche tausche ich den Vogelsand aus, mache das Brettchen gegebenenfalls sauber und überstreiche mit Lehmschlämme angekotete Stellen, die zuvor abgebürstet werden.

Stützbalken

Im Vogelraum sollten Sie das Dach noch mit einem etwa 10 x 10 cm großen Holzbalken abstützen, indem Sie den Balken passgenau mitten im Raum zwischen Boden und Dachbalken einklemmen. Der Balken kann aus weichem Fichtenholz bestehen. Unter den Balken am Boden kommt noch ein etwa 30 x 30 cm großes Holzbrett, um den Druckpunkt zu minimieren. Oben können Sie den Balken mit kleinen Metallwinkeln an die Dachbalken schrauben.

An dem Balken lassen sich später sehr gut Seile, Futterautomaten, Dekomaterial usw. anbringen.

Lehmbau und Lehmputz

Für die weiteren anfallenden Arbeiten wird nun Lehm verwendet. Lehm ist der universelle Werkstoff schlechthin. Seit Jahrtausenden bauen die Menschen mit Lehm. Mit der industriellen Revolution ist dieser natürliche und gesunde Baustoff vor etwa 100 Jahren leider in Vergessenheit geraten. Für unser Hobby, die artgerechte Vogelhaltung, bietet Lehm aber unzählige Bau- und Bastelmöglichkeiten.

LEHM ALS HEILMITTEL

Lehm ist aber nicht nur ein ganz besonderer Bauwerkstoff, Lehm ist für Vögel auch eine Nahrungsergänzung und ein Heilmittel. Lehm hat die Eigenschaft, Giftstoffe zu binden und auf natürlichem Wege aus dem Körper zu transportieren. In freier Natur fressen nicht nur Vögel freiwillig Lehm. Auch Affen und andere Tiere versammeln sich regelmäßig nach dem Verzehr von unreifen Früchten an sogenannten Lehmlecken, um Bauchschmerzen zu „behandeln“. Die Jungtiere lernen das von ihren Eltern und geben ihre Erfahrungen wiederum an den späteren Nachwuchs weiter.

Sie können den reinen Lehm zusammen mit Wasser als **Lehmschlämme** verwenden. Die Menge des Wassers hängt davon ab, wie flüssig oder zähflüssig Sie die Lehmschlämme benötigen. In dieser Form ohne Sandbeimischung klebt der Lehm am stärksten.

Sie können den Lehm aber auch mit Bausand zum **Lehmputz** mischen. Hierfür verwendet man 30 bis 70% Lehm – je nachdem, wie groß die Klebekraft des Lehmputzes werden soll. Je höher der Lehmanteil ist, desto stärker ist die Klebekraft.

Aber auch: Je höher der Lehmanteil ist, desto stärker ist die Schrumpfung und die Rissbildung während der Trocknung.

Für den Lehmputz im Haus nehmen Sie einige große Eimer oder eine große Wanne, wie man sie auch für Zementputz verwendet. Die Lehmmischung besteht aus 50% hellem Sand (Bausand ohne Steinchen) und 50% Lehm. Es können auch 60% Sand und 40% Lehm sein.

Sie können der Lehm-Sand-Mischung so lange Wasser beimengen und ausgiebig mit einer Bohrmaschine und einem Quirl vermischen, bis die Lehmmischung so gerade noch an einer senkrecht gehaltenen Kelle kleben bleibt bzw. langsam abtropft.

Anders als bei Gips oder Zement können Sie gleich eine große Wanne Lehmputz anrühren, auch wenn Sie die Menge nicht gleich verarbeiten. Sie könnten auch nach Tausenden von Jahren den Lehm mit Wasser wieder einweichen, neu verquirlen und immer wieder aufs Neue verwenden. Tragen Sie den Lehmputz etwa fingerdick mit einer Kelle und etwas Druck auf die Gasbetonwände auf.

Sie können den Lehm jederzeit wieder feucht machen und glatt verputzen. Auch Lehmbrocken, die auf dem Boden antrocknen, können Sie mit einem Kehrblech auffegen und wiederverwenden. Sie können fast nichts falsch machen.

An kritischen Stellen wie zum Beispiel im Türrahmen der Trennwand sollten Sie die Gasbetonränder mit einer groben Feile oder Raspel abrunden und den aufgebrachten feuchten Lehmputz unter Druck mit einer Kelle verdichten und damit stabiler und härter machen.

SPASS FÜR KINDER

Da Lehm völlig ungiftig ist und sich von der Haut leicht abwaschen lässt, können Sie nun auch selbst kleine Kinder mitverputzen lassen. Aber alte Kleidung sollte man den Kids schon anziehen, denn Lehm macht Flecken bzw. Verfärbungen, die nur schwer wieder rausgehen. Den Kindern macht es einen Heidenspaß, mit dem Lehm zu manschen und die Wände zu beschmieren. Endlich mal richtig rumsauen!

Deckenlehmputz

Damit der Lehmputz auch an der OSB-Decke hält, brauchen Sie einen Putzträger. Dafür nehmen Sie Maschendraht-Zaun (egal welchen), schneiden ihn passend zurecht (nicht mit einem Seitenschneider, sondern mit einer guten Blechschere, die brauchen Sie später sowieso für die Volierenbespannung) und tackern den Draht an die OSB-Decke. Hierfür können Sie auch viele kleine Reststücke verwerten. Wenn der Drahtzaun nicht stramm an der Decke anliegt, hält der spätere Lehmputz noch besser.

Bevor Sie den Draht befestigen, sollten Sie die Decke satt mit Lehmschlämme anstreichen und etwas antrocknen lassen.

Mit einem Putzbrett, um den frischen Lehmklumpen zu tragen, und einer Kelle spachteln Sie nun den etwas festeren Lehm (50% Lehm, 50% Sand, Wasser) an die Decke, und zwar in den Draht.

Der Lehm wird an dem Draht aufgebracht.

Eventuell müssen Sie das Anputzen nach dem Antrocknen der ersten Schicht mit einer zweiten Schicht wiederholen. Mit der richtigen Mischung und etwas Geschick geht es aber auch in nur einer Schicht. Mit einem feuchten, großen Pinsel können Sie den frischen Lehm, falls gewünscht, glatt streichen.

Hohlräume zwischen Balken, in Ecken, hinter den Lampen, an die man später nicht herankommt und wo sich auch Schädlinge und besonders Spinnen verkriechen könnten, spachteln Sie von vornherein großzügig mit Lehmputz zu. Auch Metallwinkel und Lochbleche können Sie unter dem Lehmputz verschwinden lassen.

LEHMPUTZVERSTÄRKUNG

Möchten Sie einen mehrere Zentimeter dicken Lehmputz auf einen Putzträger aufbringen, können Sie den Putz verstärken, indem Sie klein geschnittene Haare oder Strohhäcksel dem noch aufzubringenden Lehmputz beimischen. Kälberhaare und Strohhäcksel bekommen Sie fertig beim Lehmlieferanten. Der Oberputz sollte aber frei von organischen Bestandteilen sein, damit sich kein Schimmel auf der Oberfläche bilden kann.

Haben Sie stark knabbernde Papageien, könnten Sie die Oberfläche des Lehmputzes mit Jutegewebe verstärken, indem Sie Jutegewebe in den frisch aufgebrachten Lehmputz mit der Hand einreiben.

Hin und wieder müssen Sie die Knabberspuren der Sittiche mit einem dicken Pinsel und Lehmschlämme oder Lehmputz nachbehandeln.

Lehm ist auch ein Feuchtigkeitsindikator. Dringt von außen Feuchtigkeit in das Haus, verfärbt sich der Lehm an diesen Stellen dunkel. Dringt viel Wasser ein, tropft der verflüssigte Lehmputz an dieser Stelle von der Decke. Sie können dann der Ursache von außen auf den Grund gehen.

FÜR EXPERIMENTIERFREUDIGE

Wenn Sie Spaß am Experimentieren und am Lehmbau haben, finden Sie im Folgenden weitere Beispiele für **Lehmbau-Techniken**. An der Trennwand im Innenraum können Sie sich ohne großes Risiko austoben.

Flexible Steine

In der Apotheke bekommen Sie Baumwollschläuche als eine Art Verbandschutz für den Arm. Diese können Sie, zweckentfremdet mit Lehmputz gefüllt, als flexible „Steine" vermauern. Schneiden Sie die Schläuche in beliebige Längen, verknoten Sie ein Ende, füllen Sie den Schlauch mit Lehmputz und verknoten Sie das andere Ende. Ist der Lehmputz feucht genug, dringt Lehm durch das Gewebe und Sie können die Schläuche ohne weiteren Lehm miteinander vermauern. So sind der Formgestaltung kaum Grenzen gesetzt. Sie können aber auch die gefüllten Schläuche einmal in einen Bottich mit Lehmschlämme tauchen und dann vermauern.

Gerade Wände benötigen ab einer gewissen Größe mit eingemauerte Stützbalken. Runde Wände oder Wände mit Winkeln stabilisieren sich durch die Formgebung. Das statische Grundgerüst der Wand muss aber aus Holz bestehen. Aus Baumwollschläuchen kann man auch zum Beispiel für Ziegensittiche wunderbare Nisthöhlen mauern.

Lehm-Wände mit Weidenzweigen

Möchten Sie, wie schon vor Tausenden von Jahren, verflochtene Zweige mit Lehm verfugen, benötigen Sie vorerst ein statisches Grundgerüst aus Holzbalken für die Tür und das Beobachtungs- bzw. Futter-Fenster. Für die Wandflächen müssen vertikal daumendicke Holzleisten montiert werden. In diese

Leisten können Sie nun biegsame Weidenzweige verflechten und danach mit Lehmputz beschichten.
Stark knabbernde Sittiche könnten sich aber durch diese Wände fressen. Um das zu verhindern, müssten Sie dann noch ein Drahtgitter in den Putz mit einfügen.

Lehmsteine

Sie können zum Vermauern im Innenbereich auch selbst Lehmsteine herstellen – vorzugsweise im Sommer, damit die Lehmsteine in der Sonne trocknen können. Aus einigen Holzbrettern bauen Sie eine Form für gleichzeitig mehrere Lehmsteine, oben und unten offen, und füllen die Form mit Lehm (50 % Lehm, 50 % Sand, Wasser). Beim Durchtrocknen schrumpfen die Steine und können leicht der Form entnommen werden. Damit die Steine nicht zerbrechen, kann man Kälberhaare, Strohhäcksel, Kokosfasern, Jutefasern oder Ähnliches dem Lehm beimischen. Steine mit Strohhäcksel müssen nach dem Vermauern mit Lehm verputzt werden, da sonst die Strohhäcksel an der Oberfläche schimmeln könnten.
Lehmsteine können Sie auch außen vermauern, sofern der Dachüberstand so groß ist, dass kein Regenwasser an die Lehmsteine gerät. Lehmsteine werden mit Lehmputz als Mörtel vermauert (50 % Lehm, 50 % Sand, Wasser). Die Wände können mit Lehmputz beschichtet werden.
Die fertigen Außenwände sollten Sie nach der Trocknung des Mörtels mit Natron-Wasserglas (klar und flüssig) anstreichen. Diese Flüssigkeit reagiert chemisch mit der Kieselsäure des Sandes und bildet eine matte, transparente, gläserne Oberfläche. Gleichzeitig wird die Aufnahme von Feuchtigkeit vermindert und die Oberfläche stahlhart.
Wasserglas, Kälberhaare oder Strohhäcksel bekommen Sie beim Lehmlieferanten.

Rissbildung und Abdichtungen

Haben Sie die Gasbetonsteine mit ausreichend Gasbetonkleber vermauert, werden wohl keine Risse im Gemäuer auftreten. Bei einer Vermauerung mit Zementmörtel wäre eine Riss- bzw. Spaltbildung aber schon möglich. Solche Spalten werden von außen mit einem alten Messer so weit vergrößert, dass sie bearbeitbar sind. Stopfen oder pressen Sie etwas dünner angerührten Gasbetonkleber in den Spalt, bis der Kleber wieder herausquillt. Im nicht sichtbaren Außenbereich (Seiten- oder Rückwand) können Sie Undichtigkeiten noch mit Montagekleber und Bitumenkaltkleber zusätzlich abdichten.

Undichtigkeiten auf dem Dach füllen Sie mit Montagekleber und überstreichen es sehr großzügig mit Bitumenkaltkleber. Es dürfen natürlich nur trockene und saubere Stellen abgedichtet werden. Im Haus dichten Sie nur mit Lehm ab. Tun sich später mal Undichtigkeiten auf, macht Lehm das sichtbar. Reparaturen werden dann nur außen vorgenommen.

KASEINFARBEN

Möchten Sie im Innenraum keinen Lehm-Farbton, können Sie die Wände mit ungiftiger Kaseinfarbe weiß anstreichen. Seit über tausend Jahren werden solche Farben aus Milchprodukten hergestellt. Die ältesten, noch existierenden Kaseinanstriche findet man in über 800 Jahre alten Kathedralen!

Lehmboden

Den Boden im Vogelraum habe ich noch 2 bis 3 cm dick mit Lehmputz beschichtet. Das Mischungsverhältnis für diese Lehmschicht ist etwa 60 % Sand und 40 % Lehm. Mit 10 % mehr oder weniger können Sie aber auch nichts falsch machen. Durch diesen Lehmputz verschwindet dann auch das Brettchen unter dem Stützbalken im Lehmboden. Bei trockener, heißer Sommerluft können Sie den Lehmputz etwas flüssiger einbringen. Bei feucht-schwüler Luft, bei der der Lehmputz nicht so schnell durchtrocknet, sollten Sie lieber etwas festeren Lehmputz auftragen und mit einer großen Kelle oder dem Putzbrett glatt streichen. Mehr über die Verarbeitung von Lehm erfahren Sie in meinem Buch „Naturbaustoff Lehm für die Vogel- und Kleintierhaltung" auch erschienen bei Oertel+Spörer.

Die Innenreinrichtung

Stufendecke und Schlafabteile

Damit es im Schutzhaus/Vogelraum einigermaßen stressfrei zugeht, benötigen Sie geeignete Schlafabteile. Diese müssen möglichst hoch unter der Decke an den Wänden angebracht werden. Möchten Sie mehrere Schlafabteile übereinander anbringen, dürfen die Vögel sich natürlich nicht ankoten und gegenseitig stressen.

Stellen Sie sich mal eine Treppe unter der Decke vor. Unter den jeweiligen Stufen können Sie hier jeweils Schlafabteile bauen, ohne dass die Vögel sich sehen oder ankoten.

Sie können mit Fichtenhölzern ein Untergestell unter der Decke anbringen und dort Gasbetonplatten oder Gipsplatten anschrauben. An die Gipsplatten

Auch die Innenreinrichtung ist wichtig und sollte abwechslungsreich gestaltet sein.

müssten Sie dann als Putzträger wieder Drahtzaunreste befestigen, die Kanten mit einer groben Feile abrunden und die Gipsplatten mit Lehmschlämme vorstreichen und antrocknen lassen. Danach verputzen Sie das ganze Stufengebilde mit Lehmputz. So könnten Sie, falls nötig, mehrere Schlafabteile pro Wand anbieten.

Schlafabteile können Sie ganz leicht selbst herstellen. Lassen Sie sich im Baumarkt Sperrholzbrettchen als Seitenwände je nach Größe der Sittiche mit den Maßen von ungefähr 15 x 15 cm zurechtsägen. Ein Sperrholz-Rückwandbrettchen in der gewünschten Breite x 5 cm soll die Seitenwände halten. Ein Buchenstab, Naturholz oder ein reines Hanfseil bildet die Sitzfläche. Idealerweise könnten Sie einige Schlafabteile an der Front teilweise mit Speerholz abdecken, um den ruhebedürftigen Vögeln ein Versteck anzubieten.

Die Schlafabteile sollten nicht gleich groß sein, um den unterschiedlichen Schlafgewohnheiten – einzeln, paarweise oder als Gruppe – gerecht zu werden. Prachtfinken sitzen gern als Gruppe, dicht gedrängt, in einem Abteil, Sittiche als Paar oder, je nach Art, auch lieber allein.

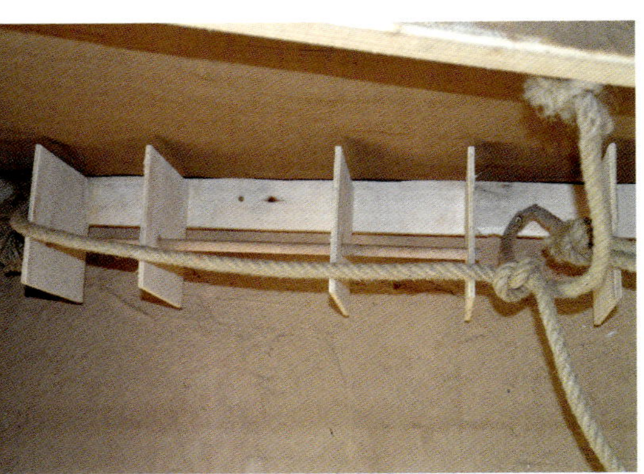
Auch vor den Schlafabteilen wird ein Hanfseil gespannt.

Für die Montage legen Sie alle Brettchen aufeinander und durchbohren sie im unteren Bereich in einem Arbeitsgang, um dort die vorgesehene Sitzstange durchstecken zu können. Bei den ersten Schlafabteilen hatte ich dafür einen Buchenstab verwendet. Mit Mini-Nägeln und ein paar Tropfen Expressleim nageln Sie die Rückwand Stück für Stück auf die Seitenwände.

Ein Hanfseil als Sitzgelegenheit stecken Sie durch alle gebohrten Öffnungen und schließen es außen jeweils mit einem Knoten ab. Die Seile sollten in den einzelnen Fächern nicht stark durchhängen. Das könnten Sie mit einem stabilen Draht verhindern, den Sie vorher durch das gedrehte Seil schieben.

Sie können auch noch Tannenzapfen, Hölzer, Seilstückchen, Blätter und Moos als Deko verwenden. So haben unsere Vögel was zu tun und zu knabbern. Hauptsache ist aber, dass keiner die Möglichkeit hat, auf der Sitzstange ein Nest zu bauen. Dann wäre Stress vorprogrammiert.

Im Laufe der Zeit werden die Schlafabteile natürlich von den Sittichen zernagt, dann baut man eben ein paar neue.

Vogelraum-Verseilung

In der Anfangszeit hatten wir im Vogelraum Naturholzzweige montiert. Da die Zweige unter der Decke befestigt waren, hätte man sich bei Putzarbeiten leicht Verletzungen am Kopf zuziehen können. Das haben wir dann ganz schnell wieder geändert. Jetzt hängen dort nur noch 12-mm-Hanfseile. Alle Seile sind so angebracht, dass nie Vogelkot ein anderes Seil, einen Fressnapf oder Trinknapf treffen kann. Auch direkt vor den Schafabteilen sollte ein Seil verspannt werden. Das erleichtert die Anflugmöglichkeit der Abteile.

Ein Seil hängt auch senkrecht bis zum Boden herunter. Das nutzen manche Katharinasittiche, die nicht so gut fliegen können, wenn sie mal zur Futtersuche auf dem Boden waren.

Die Seile können Sie leicht mit kleinen Schrauben an den Deckenbalken fixieren.

Futterschalenhalterungen

An dem Stützbalken in der Mitte des Raumes kann man sehr gut Halterungen für Futterschalen montieren. Dafür bekommen Sie im Baumarkt große **Rohrschellen**.

Mit Rohrschellen lassen sich die Futterschalen gut befestigen.

Das sind metallene Rohrhalterungen mit angeschweißten langen Schrauben. Nehmen Sie bei der entsprechenden Größe die Gummidichtung heraus, bleibt eine Öffnung von 12,5 cm – genau passend für die entsprechenden weiß glasierten Tonschalen. Zwei oder drei Schalen für Obst, Grit und andere Leckereien sollten es schon sein.

Bodenbelag für den Vogelraum

Wenn man im Vogelraum eine etwa 10 bis 15 cm dicke Sandschicht als Bodenbelag einbringen möchte, sollte das im Sommer erfolgen. Denn der Sand könnte bei Anlieferung feucht sein und diese Feuchtigkeit kann am besten im Sommer wegtrocknen. Würde die Feuchtigkeit bleiben, wären Schimmelpilze auf Vogelkot und Futterresten vorprogrammiert. Der Sand darf nicht zu fein sein, da ansonsten die Staubbelastung beim Ausharken zu groß wäre.

Sand hat den Vorteil, dass Vogelkot leicht austrocknet und verklumpt. Ein- bis zweimal pro Woche harke ich mit Staubmaske, kleinem Handrechen und dem Pferdekehrblech die Oberfläche ab.

Einen Kubikmeter sauberen, hellen Sand lasse ich mir pro Jahr vom Baustoffhandel in einem Bigpack anliefern, um wieder nachzufüllen.

Seilzugklappe

Eine „fernbedienbare" Seilzugklappe kann man leicht selbst herstellen: ein Brett von etwa 25 x 25 cm, mit einem Loch in der Größe des KG-Rohres (Einflugöffnung), darauf angeschraubt zwei U-förmige Aluschienen als Führungsschienen, darin dann ein kleineres Brettchen, das sich in den Schienen hoch- und runterschieben lässt. In dieses Brettchen schrauben Sie eine kleine Öse. Daran befestigen Sie ein paar Meter 3-mm-Hanfseil, das über Ösen direkt über dem Brettchen an der Decke und weiteren Ösen führen, bis Sie mit dem Seil durch eine kleine Öffnung in der Wand im Vorraum landen. Knoten Sie ans Ende des Seils einen Holz- oder Plastikring.

Durch zwei Haken in einem Dachbalken im Vorraum können Sie nun die Seilzugklappe im Vorraum hochziehen und herunterlassen und den Ring in einen Haken einhängen. Damit das Seil in der Wanddurchführung nicht durchscheuert, können Sie ein Stückchen Plastikrohr (zum Beispiel von einem Filzstift) als Führungsrohr in die Wand einkleben. Die Enden dieses Röhrchens kann man noch mit einem Feuerzeug anschmelzen, damit keine scharfe Kante entsteht. Diese Holz-Schienen-Konstruktion schrauben Sie von innen vor die mittlere Einflugöffnung – wieder mit Rigipsdübeln, damit die Schrauben auch halten. Die Ränder verspachteln Sie mit Lehmputz.

So können Sie die Vögel bei Reinigungsarbeiten drinnen oder draußen halten. (Das würde allerdings auch mit dem KG-Rohr-Deckel gehen.) Und bei strengen Wintertagen kann man so die Vögel zwingen, im Haus zu bleiben. Wenn Sie aber aus Versehen einen Vogel aussperren, kann das seinen Tod bedeuten – besonders über Nacht in der kalten Jahreszeit.

Die Außenwände

Es gibt viele Möglichkeiten, den Gasbetonrohbau von außen zu gestalten. Grundsätzlich sollten Sie vorher die etwas krümelige Gasbetonoberfläche mit dünnflüssigem Gasbetonkleber anstreichen. So haben Sie eine gute, griffige, saubere Grundlage für weitere Bearbeitungsmethoden.

Schauen Sie doch mal im Ausstellungsbereich des Baustoffhandels, was es für Möglichkeiten gibt. Sie werden garantiert fündig.

■ Verblender

Verblender sind dünne Matten in Maueroptik. Die werden einfach mit dem Mauerwerk verklebt. Über genaue Verarbeitungsmethoden gibt Ihnen der Baustoffhandel Auskunft.

■ Holz

Unbehandeltes Lärchenholz kann uralt werden, wenn es richtig verarbeitet wird. In Norwegen stehen 500 Jahre alte Holzhäuser aus Lärche und sogar aus nordischer, langsam gewachsener Kiefer. Vor einigen hundert Jahren wussten die

Baumeister, wie man diese Hölzer dauerhaft verarbeitet.

Beachten Sie einfach die wichtigsten Grundregeln, dann hält das Holz schon mal etliche Jahre – und das unbehandelt!

Sorgen Sie an den unteren Kanten der Holzbretter für angeschrägte Tropfkanten. So wird sich bei Regen das untere Stirnholz nicht mit Wasser vollsaugen, was das Holz auf Dauer schädigen würde. Erde und Schmutz sollten bei Regen nicht an die Wände spritzen.

Angeschrägte Tropfkanten schützen das Holz vor Eindringen von Regenwasser.

Eine Belüftungsebene hinter den Holzlatten hält die Hölzer trocken. Sie können dafür etwa 2 bis 3 cm dicke Konstruktionsholzleisten auf die Wände schrauben. Die Leisten werden von innen durch den Gasbeton verschraubt. Auf diese Leisten wird mit dünnen Edelstahlschrauben die Lärchenverschalung angebracht, und zwar vertikal mit mehreren Zentimetern Abstand zwischen den Latten und jeweils einer Holzlatte vor den Lücken. Natürlich soll kein Wasser hinter die Hölzer laufen, also benötigen Sie für eine Holzverschalung einen Dachüberstand.

Die Holzlatten werden versetzt angebracht.

■ Naturstein

Inzwischen bekommen Sie in den Fliesenabteilungen dünne Natursteine vorgefertigt auf Matten verklebt. Sie werden wie Fliesen schnell und leicht verklebt. Hinterher müssen sie natürlich verfugt werden, aber das ist sehr einfach. Die paar notwendigen Materialien und Infos bekommen Sie dann auch im Baustoffhandel. Wichtig ist, dass Sie die verklebten und verfugten Steine mehrmals mit einem nassen Schwamm abwischen, damit der Kleber/Zementschleicher nicht dauerhaft auf den Steinen haftet.

■ Zementputz

Da wir unser Schutzhaus mit Schrägen und Rundungen gebaut haben und eine grottenartige Optik wünschten, haben wir uns für einen Zementmörtelputz entschieden. Am einfachsten nehmen Sie einen Fertigmörtel und färben diesen mit Zementfarbpulver.

Wir hatten eine rostrote Farbe ausgesucht. Wenn Sie wenig davon zum Vermischen mit Mörtel verwenden, ist das Resultat in feuchtem Zustand rötlich und nach der Trocknung sandfarben. Das sollte später harmonisch zu unseren Sandsteinwänden passen.

Diese Farben sind sehr ergiebig. Für eine gleichbleibende Optik müssen Sie ein genaues Mischungsverhältnis austesten.

Vor der Bearbeitung der Außenwände sollte man die staubigen, krümeligen Gasbetonsteine (nach der Vermauerung und vor dem Zementputz) außen mit dünnflüssig angerührtem Gasbetonkleber anstreichen und den Kleber trocknen lassen. Damit die raue Oberfläche für den Zementputz erhalten bleibt, können Sie direkt nach dem Anstrich die Wände mit einer Bürste abtupfen und so die Oberfläche wieder aufrauen. So bekommen Sie eine saubere, nicht krümelige, aber griffige Oberfläche. Testen Sie das doch mal an einem Probestein.

TIPP

Bei den Innenseiten des Hauses ist das Vorbehandeln des Gasbetons völlig überflüssig. Der Lehmputz hält perfekt auf rohem Gasbeton.

Besprühen Sie vor dem Aufbringen des Zementputzes die Wände mit dem Gartenschlauch. Die Steinwände sollten feucht sein, wenn sie verputzt werden.

Mit einer Kunststoffkelle oder einem großen Spachtel tragen Sie nun den Zementmörtel auf dem Gasbeton auf. Die Technik der Auftragung spielt dabei keine Rolle, sondern nur das optische Resultat. Etwas Druck sollte man aber beim Verputzen ausüben.

Der Zementputz sollte mindestens fingerdick sein – besser mehr. Mit einer Kelle können Sie mit Druck den Putz verdichten und damit wasserdichter und stabiler machen. Ganz wichtig ist das in den Türrahmen bzw. Türöffnungen.

Die Gasbeton-Kanten und -Ecken haben wir vorher mit einer groben Holzraspel leicht abgerundet, damit der Putz auch hier genügend Haftgrund findet. Besprühen Sie täglich den Außenputz mit dem Gartenschlauch, um zu verhindern, dass er zu schnell trocknet und dann etwas spröde wird.

Zementmörtelputz kann später auch mal kleine Risse bilden. Das ist weiter nicht so schlimm, solange die Steinwand dahinter dicht ist. Sie können aber auch ein putzverstärkendes Gewebe auf den frisch aufgebrachten Zementputz auftragen/einreiben und nach der Trocknung eine zweite Schicht Zementputz auftragen. Das minimiert die Rissbildung und macht das Haus noch regendichter.

Ist der Zementmörtel ausgehärtet, isolieren Sie den Putz mehrmals mit einer wasserabweisenden, flüssigen, klaren „Imprägnierung für Putz und Stein".

Eine Imprägnierung mit flüssigem Natronwasserglas oder Kaliwasserglas ist für den Zementputz nicht so gut geeignet, obwohl es manchmal empfohlen wird. Wasserglas benötigt, um eine matt-gläserne Oberfläche zu bilden, für die chemische Reaktion Kieselsäure aus dem Sand. Das scheint mit ausgehärtetem Zementputz aber nicht mehr zu funktionieren, mit der Folge, dass das Wasserglas nach einigen Monaten auf dem Zementputz einen weißlichen Belag bildet und abblättert.

Das Vogelhaus mit Außenputz.

Der Außenbereich der Voliere

Die Volieren-Rahmenfächer sollten in der Breite oder Höhe nicht mehr als etwa 100 cm betragen, damit der Zaun nicht durchbeult. Ob man in der Front nun die Gestell-Fächer waagerecht oder senkrecht anordnet, ist Geschmacksache.

Wir haben die Fächer für die Front waagerecht, mit den Innenmaßen 98x200 cm, angeordnet, für die Seitenwand aber senkrecht.

Die Rahmenfächer für die Voliere kann man waagerecht oder senkrecht einbauen.

So wird der Draht richtig verschraubt.

Der Draht muss für die Verschraubung auf dem Gestänge etwa 1 cm aufliegen. Lassen Sie sich vom Volierenbau-Lieferanten ein paar Alustangenreste und ein paar Drahtreste kostenlos mitliefern. Dann können Sie die Verschraubung und Verspannung des Drahtes erst einmal üben. Die Schrauben können Sie ja später wieder verwenden.

Stellen sie den Akkuschrauber so ein, dass die Rutschkupplung bei einer fest sitzenden Schraube schnell reagiert. Das erspart eine Menge Ärger. Eine Schraube, die in der Alustange durchdreht, bekommen Sie sonst nicht mehr fest. Das Einstellen der Rutschkupplung macht man dann an einem Reststück, nicht an der Voliere.

Der Alurahmen wird direkt mit Rigipsdübeln in die Wand verschraubt.

Wird die Voliere sehr groß, müssen Sie mit geeigneten Holzbalken den Volierenraum unterteilen und abstützen. Holzbalken, die viele Jahre unbehandelt halten, sind Bankirai, langsam gewachsene Lärche, Zeder oder Balken von Dauerholz. Harte bzw. schwere Hölzer wie Dauerholz und Bankirai können aufgrund ihrer geringen Biege-Nachgiebigkeit etwas dünner sein als andere Hölzer. Bei Bankirai reichen zum Beispiel Maße ab 4,5 x 7 cm.

Bei Dauerholz werden Hölzer in flüssigem Wachs eingekocht. Durch das Kochen platzen die zellulären Strukturen des Holzes und füllen sich mit flüssigem Wachs. Dadurch wird selbst leichtes und weiches Holz schwer, hart und stabil. Pilze, die für die Zersetzung des Holzes verantwortlich sind, finden so für viele Jahre keinen Zutritt. So wird einheimisches Holz genauso langlebig wie Tropenholz. Und wird heimisches Holz genutzt, werden die Tropen geschont.

Bei großen Volieren muss der Innenbereich noch mit Balken abgestützt werden.

AKTIVER KLIMASCHUTZ

Abgesehen von der zu schützenden Tierwelt schlummern in den Tropen immer noch unzählige unentdeckte pharmazeutische Pflanzenstoffe. Außerdem produzieren die Tropen einen Großteil des weltweiten Sauerstoffbedarfs!
In deutschen Wäldern sind über eine Milliarde Tonnen Kohlendioxid im Holz gespeichert.
Bei dem Verrottungsprozess wird übrigens genauso viel Kohlendioxid freigesetzt wie bei der Verbrennung des Holzes im Kamin. Heimisches Holz langfristig zu nutzen für Häuser und Möbel ist aktiver Klimaschutz, da das Kohlendioxyd gespeichert bleibt.
Deutsche Wälder wachsen trotz der Nutzung seit 40 Jahren!

Wir haben bei einer Volierentiefe von 450 cm die Abstütz-Balken dort montiert, wo die beiden Decken-Alustangen mit den Kunststoffverbindern zusammengesteckt werden, also genau unter der Schwachstelle. Idealerweise kann man dann auch gleich die Alustangen durch die Kunststoffverbinder mit einer Edelstahlschraube auf dem Balken fixieren.

Sie sollten die Stabilität der Balkenkonstruktion noch extrem erhöhen, indem Sie einen Balken zusätzlich mit der Rückwand verbinden (quasi als T-Kreuz). Die Balken können Sie mit großen, verzinkten Schlossschrauben miteinander verschrauben. So große Schrauben würden allerdings das Holz spalten, deswegen müssen die Löcher vorgebohrt werden. Beispielsweise bohrt man für 7 mm dicke Schrauben 5-mm-Löcher vor.

So wird der Stützbalken am Boden fixiert.

Damit die Holzbalken an den Stirnholzkanten nicht ständig feucht sind und Pilzen langfristig Tür und Tor öffnen, können Sie konstruktiv vorbeugen, indem Sie die Stirnholzkanten luftig trocknen lassen. Verbinden Sie die Balken also nicht flächig stumpf miteinander, sondern schrägen Sie die Kanten ab und sorgen Sie so für eine Belüftung der Stirnhölzer auch nach der Verschraubung.

Sie können den Holzschädlingen auch den Eingang erschweren, indem Sie, wie seit Jahrtausenden bewährt, das Stirnholz mit Feuer verkohlen. Heutzutage würde man dafür einen Heißluftföhn benutzen. Ein spezieller Stirnholzlack tut es natürlich auch. Da die Sittiche eventuell daran knabbern könnten, sollte man allerdings die gesundheitliche Verträglichkeit hinterfragen. Bei guter Belüftung ist aber eine Behandlung des Stirnholzes nicht unbedingt notwendig.

Die Bankiraibalken werden mit langen, großen Schlossschrauben verbunden.

Liegen die Holzverbindungen unter der Volierenüberdachung, können Sie die Kanten und Ritzen auch mit Lehm dicht zuschmieren. Dann ist das Stirnholz perfekt geschützt. Lehm versperrt den Pilzen den Zutritt und hält die Holzfeuchte im Stirnholz bei geringen etwa 6 %.

Die verschiedenen Verbindungsstücke für die Alustangen sollten möglichst mit einem Gummihammer angeschlagen werden.

Das Alugestell wird mit etwa 3,5 bis 4 mm starken Edelstahlschrauben und den passenden 5 bis 6 mm dicken Dübeln auf die Fundamente geschraubt. Seien Sie beim Bohren besonders vorsichtig. Am besten bohren Sie nicht mit der Schlagbohreinstellung, damit die Steine nicht platzen. Mit Schlagbohreinstellung sollten Sie dünn vorbohren und dann erst etwas größer nachbohren.

Sparen Sie auf keinen Fall an den Schrauben. Die paar Euro mehr für Edelstahlschrauben müssen im Außenbereich sein. Verzinkte, kleine Schrauben würden in einigen Jahren durchrosten und der nachträgliche Austausch, wenn man überhaupt rankommt, wäre doch sehr ärgerlich und arbeitsintensiv. Nur große, stark verzinkte Schlossschrauben zum Verbinden der Balken sind für den Außenbereich sinnvoll.

Um die Alustangen mit den Kunststoffecken, T-Kreuzen usw. zu verbinden, werden die Teile mit einem Gummihammer zusammengeschlagen. Es geht aber auch mit einem Holzbrettchen als Unterlage und einem Metallhammer.

Zum Zeitpunkt unseres Volierenbaus gab es keine gewinkelten T-Kreuzverbinder, außer natürlich mit 90-Grad-Winkeln. Da wir aber 30-Grad-Winkel in unserer Front geplant hatten, musste ich notgedrungen die Kunststoffverbinder etwas umbauen bzw. bearbeiten.

Bei den Verbindern sägen Sie ein kleines V-Stück aus dem Kunststoff, sodass Sie einen Teil jetzt umbiegen können. Da man angesägte Verbinder eventuell nicht mehr mit dem Hammer in die Alurohre schlagen kann, wird der Verbinder außen mit einem Cutter oder einer Feile bearbeitet, bis man die Verbinder ohne Hammer mit den Rohren zusammenstecken kann. Die Alurohre werden entsprechend schräg angesägt.

Vor dem endgültigen Einbau wird das bearbeitete Kunststoffteil mit Montagekleber außen eingestrichen und innen aufgefüllt. So vorbereitet kann man die Teile verbinden und verbauen. Bestellen Sie am besten ein paar Verbinder zusätzlich, falls bei der Aktion mal der Kunststoff bricht.

Der Verbinder wurde an die Winkelung der Alurohre angepasst.

TIPP

Der Draht wird mit der Innenseite gegen das Gestell geschraubt (alle 10 bis 15 cm eine Schraube). Zur Verdeutlichung: Legen Sie die Drahtrolle auf einen Tisch (und das gedachte Volierenfach) und rollen Sie die Drahtrolle normal ab. Das wäre falsch herum. Drehen Sie die Rolle herum und lassen Sie die Innenseite der Drahtrolle nun auf dem Tisch aufliegen. So wäre es richtig.

Der Draht Esafort 12,7 x 12,7 mm in der Stärke 1,05 mm wird bei der Front von innen und an den Seiten von außen verschraubt. So wird man, wenn man vor der Voliere steht, keine verschraubten Drahtzaunränder sehen.

Die passenden, selbst schneidenden Aluschrauben, auch dunkel eloxiert, bekommen Sie beim Volierenbau-Lieferanten. Ich würde etwa 50% mehr Schrauben bestellen als empfohlen. Gerade beim Selbstbau entstehen schon mal ein paar Drahtbeulen. Und ein paar Extra-Schrauben, um das auszubessern, sind dann notwendig, besonders für die Stellen, die man später nicht mehr nachbessern kann, wie unter der Überdachung.

Wir haben den Deckendraht nachträglich, nachdem das ganze Gestell montiert war, mithilfe einer Klappleiter vom Innenraum aus auf das Dachgestell von oben verschraubt. Das war sehr schwierig und brachte eine Menge Kratzer auf den Unterarmen, war aber machbar. Wir haben den passend zurechtgeschnittenen Draht aufgerollt, pro Fach auf das Dach gelegt und dann Stück für Stück aufrollend den Draht montiert. Öfter möchte man das nicht machen – aber einmal kann man sich da durchquälen.

Einfacher wäre es, das Deckengestell als Ganzes oder in mehreren Teilen separat vorzumontieren und mit Draht zu bespannen, um dann die fertige Decke aufzulegen und mit dem Restgestell durch Edelstahlschrauben und Muttern zu verschrauben. Das ist vielleicht nicht so filigran, aber einfacher.

Beim Verschrauben entstehen leider kleine Aluschnipsel, die beim Eindringen der Schraube in das Aluminium aus dem Bohrloch austreten und in der Voliere herumfliegen. Dass man diese scharfkantigen Metallschnipsel nicht in der Voliere belassen darf, versteht sich von selbst. Ist der Draht komplett montiert, bedeutet das, mehrere Eimer Oberflächensand abzutragen. Da Aluminiumschnipsel nicht giftig sind, können Sie den Sand aber beruhigt wieder im Garten verwenden.

Der nächste Winter kommt bestimmt – und damit auch mal dicke Schneeflocken, die bei einer Maschenweite von 12,7 x 12,7 mm leider auch manchmal liegen bleiben. Diese Schneelast ist nicht zu unterschätzen. Entsprechend stabil muss das Dach werden. Damit möglichst viel Schnee durch den Draht fällt und somit das Dach nicht belastet, sollten Sie für die Decke einen Draht mit 12,7 x 25,4 mm Maschenweite wählen, und zwar in der maximalen Drahtstärke von 1,75 mm. Diese Größe macht das Dach schneedurchlässiger und wesentlich stabiler. Das Durchhängen des Decken-Drahtes wird so auch deutlich gemindert.

Ein befestigter Zweig ist eine Möglichkeit, um eine Wand noch mehr zu stabilisieren.

Volieren mit Ecken und Winkeln stabilisieren sich durch die Formgebung. Bei großen, geraden Flächen kann eine Wand schon mal etwas nachgeben.

Wir haben die Wand nachträglich völlig stabilisiert, indem wir einen Zweig mit einer Edelstahlschraube, durch einen Kunststoffverbinder, mit einem Stützbalken der Dachkonstruktion fest verschraubt haben.

Die Türen

Für unsere Volierenanlage benötigten wir drei Türen: eine Eingangstür für das Haus, eine zweite vom Vorraum zum Vogelraum und eine dritte vom Vorraum zur Außenvoliere.

Bei der etwas höhlenartigen Optik unserer Voliere sollten es keine Fertigtüren aus dem Baumarkt oder Baustoffhandel sein. Stattdessen haben wir aus den Volieren-Alustangen eine Tür gebaut.

Diese mit Rinde beschichtete Tür passt wunderbar in die naturnahe Umgebung.

Montage der Selbstbau-Türen

Nach der Verbindung der Alustangen zu einem Türrahmen legen Sie den Rahmen auf einen mit Zeitungspapier ausgelegten Tisch und füllen das Gestell mit einer Baustoffplatte. Es sind die gleichen, stabilen, wetterfesten und wärmedämmenden Platten, die wir schon für die Hausdachkonstruktion genutzt haben. Zur endgültigen und stabilen Verklebung pressen Sie Montagekleber in die Lücke zwischen Alurahmen und Baustoffplatte. Die Alustangen/Kunststoffverbinder werden, damit sie nicht verrutschen, mit einigen Drahtschrauben gesichert, die durch das Alu und den Kunststoff verschraubt werden.

Die kleine hochstehende Aluminiumkante ist ausreichend, um Regenwasser draußen zu halten.

Nach der Aushärtung des Klebers geht es ans Dekorieren der Tür. Wir haben uns für echte Rinde entschieden. Die können Sie im Baumarkt als Rindenzaun kaufen.

Nachdem Sie passende Rindenstreifen zusammengepuzzelt haben, kleben Sie die Rinde wieder mit Montagekleber auf die Baustoffplatte. Einige schwere Bücher zum Anpressen der Rinde sind nötig, während der Kleber aushärtet.

Mit je zwei Edelstahlscharnieren haben wir die zwei Außentüren, für den Vorraum und die Außenvoliere, bündig in die Wandöffnung montiert. Allerdings waren bei dieser Montage noch Holzbretter als Türanschlag notwendig, die wir im Vorraum an die Wand schraubten. Alle Verschraubungen im Gasbeton, sei es für die Scharniere der Türen oder die Holzverschalung hinter den Türen, werden immer mit metallenen oder sehr stabilen Kunststoff-Rigipsdübeln ausgeführt. Die Dübel für die Türscharniere werden wegen der mechanischen Belastung zusätzlich mit Gasbetonkleber oder Montagekleber eingeklebt.

Damit kein Regenwasser unter der Tür in den Vorraum dringen kann, kleben Sie auf der Innenseite eine Alu-T-Schiene mit Montagekleber auf den Betonsockel unter der Tür.

Die Holzbretter hinter den Türen sollten Sie mit Lehm anputzen, damit keine Insekten oder Spinnen den Hohlraum hinter den Brettern besiedeln.

LICHTDURCHLÄSSIGE TÜREN

Statt einer Baustoffplatte mit Rindendeko als Türfüllung können Sie auch eine halbtransparente, doppelwandige, etwa 2 cm starke Acrylplatte mit transparentem Kleber oder Silikon einkleben. Diese isoliert auch einigermaßen und lässt zusätzlich noch Licht in den Vorraum.
Versuchen Sie die Kleber so einzusetzen, dass die Vögel den Kleber/das Silikon nicht abknabbern können.

Am einfachsten montieren Sie die **Tür für den Vogelraum**, vom Vorraum aus gesehen, **vor** die vorgesehene Türöffnung. Dafür muss diese Tür ein paar Zentimeter größer sein als die vorgesehene Öffnung.

Damit man die Türen nicht jedes Mal sofort mit dem Riegel verschließen muss, habe ich jeweils pro Tür einen kleinen **Neodymmagneten** in einen Kunststoff-Stangenverbinder eingearbeitet. Das ist mit einem Bohrer und Zweikomponentenkleber leicht machbar. Als magnetisches Gegenstück nehmen Sie Schrauben, die gut magnetisch reagieren. Diese Schrauben können Sie dann durch einige Drehungen für die jeweilige Tür genau anpassen. So hält die Tür schon einmal magnetisch.

Türsicherung

Die Riegel zum Verschließen der Türen sollten Sie allesamt ganz oben, außerhalb der Reichweite von Kleinkindern anbringen. Wenn sie die Türen öffnen könnten, ist schnell ein Teil des Bestandes entflogen. Dafür reichen nur wenige Sekunden. Man könnte natürlich auch die Außentür mit einem Schloss versehen.

Die Tür zum Vogelraum ist vorgesetzt angebracht.

Bei der Tür zum Vogelraum ragt der Bolzen in den Türrahmen.

Bei der Außentür ragt der Bolzen in die verputzte Gasbetonwand.

Die Versorgung im Vogelhaus

Strom und Licht

Die Stromsteckdosen und Lichtschalter müssen als wasserfeste Aufputzdosen installiert werden. Die Verkabelung (3G1.5 Massivdraht) kann sichtbar in den Ecken verlegt werden oder unter Lehmputz verschwinden. Stromkabel für das Dauerlicht im Vogelraum kann man auch ohne Schalter verlegen, wenn Sie eine 1-Watt-24-Stunden-LED-Beleuchtung einsetzen.

Eine starke LED-Beleuchtung in einer Keller-Wand-Lampe brauchen Sie als Arbeitslicht über der Arbeitsplatte. Das Licht sollte beim Einschalten nicht direkt in den Vogelraum strahlen, um die Vögel nicht aufzuschrecken.

Die Hohlräume hinter dem Lampengehäuse müssen Sie mit Lehmputz auffüllen. Warme Hohlräume sind ansonsten begehrte Aufenthaltsräume für Spinnen und Insekten.

Waschbecken

Ein Waschbecken bekommen Sie im Baumarkt. Dort gibt es gute und „leise" Becken aus Kunststoff. Hängen Sie es nicht zu tief auf, sondern etwa mit der Oberkante auf Bauchnabelhöhe oder knapp darunter. Ihr Rücken wird es Ihnen später danken.

Solange Sie keine unnötigen Putzmittel einsetzen, können Sie das Schmutzwasser vom Waschbecken einfach mit einem flexiblen Rohr durch die Wand in den Garten leiten. Das Loch in der Wand wird mit Gasbetonkleber und eventuell Acryl abgedichtet.

Das Waschbecken sollte nicht zu tief angebracht werden.

Heizung

Eine sehr günstige Heizung ist ein Blechtrichter mit E27-Fassung und Keramik-Dunkelstrahler. Solche Wärmestrahler werden zum Beispiel in der Wurfkiste bei neugeborenen Welpen oder in Terrarien eingesetzt. Sie produzieren kein Licht und reichen in einem gut isolierten Haus, um den Raum frostfrei zu halten.

Die Heizung wird gesteuert mit einer Thermostatsteckdose. Dort können Sie die Einschalttemperatur und die Ausschalttemperatur einstellen.

Mit diesem Strahler kann der Raum frostfrei gehalten werden.

Arbeitsplatte

Eine Arbeitsplatte können Sie ideal aus leichtem Fichtenleimholz, Tischlerplatte oder Ähnlichem anfertigen. Die lassen sich leicht in Form sägen und die Oberfläche kann unbehandelt bleiben.

Zu einem gut ausgestatteten Raum gehört auch eine Arbeitsplatte.

Vorraum-Bodenbelag

Ob man im Vorraum PVC, Linoleum, Fliesen oder Nadelfilz als Bodenbelag verlegt, ist Geschmacksache. Ich halte es wie bei der Diskussion um Bodenbeläge bei Heuschnupfen: Glatte Böden lassen sich leichter reinigen, wirbeln aber mehr Staub auf.

Wir haben einen groben Nadelfilz verlegt und den Rand mit Lehmschlämme abgedichtet. Ohne Lehmschlämme machen es sich ansonsten bald Kellerasseln unter dem Nadelfilz gemütlich – harmlos aber unschön.

Nadelfilz ist wie ein guter Fußabtreter. Er wird wohl nie wieder richtig sauber, sieht aber auch nicht ständig dreckig aus. Und wenn er nicht fest verklebt wird, kann ich ihn ja auch im Sommer mal rausnehmen und mit dem Gartenschlauch richtig reinigen.

Nachtlicht

Vögelkörper verbrauchen viel Energie. Sind die Nächte lang und die Tage kurz, benötigen die Kleinen auch schon oder noch bei Dunkelheit abends und frühmorgens Kohlenhydrate. Somit müssen sie Futter finden, auch wenn es noch dunkel ist.

Bewährt hat sich da eine ganz schwache **Nachtlampe**. So können sich die Vögel, wenn es draußen dunkel ist, dennoch orientieren und ihren Energiehaushalt auffüllen. Und wenn sie nachts mal aufgeschreckt werden, können sie immer noch etwas sehen und bekommen nicht gleich blutige Köpfe.

Da aber Vögel viel mehr Bilder pro Sekunde sehen als Menschen, sind viele Lampen für Vögel wie Stroboskoplampen. Bei unserer Netzfrequenz von 50 Hz flackern die Lampen auch 50-mal pro Sekunde. Wir können nur 24 Bilder pro Sekunde sehen und nehmen dieses Flackern somit nicht wahr. Vögel sehen aber etwa 120 Bilder pro Sekunde.

Eine flackerfreie Lampe ist ideal im Vogelraum. Die Hohlräume dahinter sollten mit Lehmputz verfüllt werden.

Nicht alle Lampen flackern gleich stark. Glühlampen mit ihrem Glühfaden sind „träge“ und glühen nach – das ist dann relativ flackerfrei. Bei LEDs ist das anders – die haben meist eine Elektronik vorgeschaltet. Arbeitet diese mit einer Wandlung von Wechselspannung auf Gleichspannung, sind diese LEDs flackerfrei. Leuchtstoffröhren brauchen für Flackerfreiheit ein spezielles Vorschaltgerät.

Wir nutzen im Vogelraum über dem Fressbrett eine flackerfreie 1-Watt-LED-Lampe. Diese läuft 24 Stunden am Tag und kostet an Strom pro Jahr nur etwa 1 Euro.

VORSICHT!

Da Nachtlichter meist direkt im Vogelraum hängen, müssen die Kabelzuleitungen so montiert werden, dass Sittiche auf keinen Fall an den Kabeln nagen können. Auch hier werden Hohlräume hinter dem Lampengehäuse gleich mit Lehmputz verfüllt.

Volieren-Überdachung

Auch wenn ein Schutzhaus vorhanden ist, sollte wenigstens ein Teil der Außenvoliere überdacht sein. Idealerweise ist das der Bereich, der direkt an das Haus angrenzt. Das Dach schützt vor Regen, Hagel, Schnee und Wildvogelkot, der Krankheitskeime und Würmer enthalten kann. Katzen, Falken oder andere Raubvögel sind ohne Regendach außerdem eine deutlich größere Gefahrenquelle als mit Dach. Panik, Flucht und Verletzungen unserer Schützlinge sind dann meist die Folge.

Ob man die Voliere nun zu einem kleinen oder einem großen Teil oder ganz überdacht, ist Einstellungssache.

Auf Folgendes sollte man bei dem Dach besonders achten:

- Das Dach muss eine gute Neigung aufweisen, damit Regenwasser abfließen kann.
- Nur langzeitstabile Hölzer wie Bankirai oder Dauerholz verwenden, die auch Schneelasten tragen können.
- Nur hagelfeste, UV-stabile und möglichst solide Dachplatten verwenden (zu finden bei Trapezblechherstellern, Carportüberdachungen).
- Für die Dachplattenverschraubung nur selbst schneidende Edelstahlschrauben (speziell für Hartholz) verwenden.

Vorteile einer Komplettüberdachung:

- Schutz vor Krankheitsübertragungen durch Wildvögel
- Schutz vor Katzen und Raubvögeln
- Schutz vor Hagel und Schnee

Vorteile einer Teilüberdachung:

- Natürlichere Vogelhaltung mit Wind und Regen
- Anlage eines Pflanzbereichs mit Büschen, Kräutern und vermoosten Sandsteinwänden
- Lebensraum fressbarer Insekten, Spinnen und anderer Kleinlebewesen

Wir haben unsere Voliere zu 75 % überdacht. 25 % bleiben für den Pflanzbereich nicht überdacht – unter anderem sollen die Vögel ja auch im Regen duschen können. Bourkesittiche baden ungern und Katharinasittiche baden gar nicht – duschen dafür aber im Regen umso lieber und intensiver.

Damit eine Dachgerüstkonstruktion im Laufe der Zeit nicht im Boden absackt, benötigt sie Fundamente aus Beton für die senkrechten Stützbalken. Wenn man die neuen Fundamente noch an andere Fundamentplatten oder Hauswände zementieren kann – umso besser. Ansonsten graben Sie ein Loch, klopfen den Boden dort möglichst fest und gießen je Fundament etwa einen Eimer Fundament-Beton hinein. Wichtig ist dabei eine möglichst große Bodenfläche, die man noch mit Steinen vergrößern könnte.

Für die Konstruktion des Gerüstes hatten wir uns für Bankiraiholz entschieden. Dieses harte Holz ist in den Maßen 4,5 x 7 cm eher zierlich und hält extrem lange. Da es für Bankiraibalken keine passenden Metallschuhe gab, haben wir die nächstkleineren genommen und das Holz entsprechend angepasst. Für jeden Metallschuh haben wir einen Stein mit Bohrung und Dübel vorbereitet, der dann in den noch frischen Fundamentbeton hineingedrückt und angeputzt wird.

Der Stützbalken wird hiermit fest verankert.

Sind die Fundamente nach einigen Tagen ausgehärtet, montieren Sie die Stützbalken mit den Metallschuhen und verzinkten Schlossschrauben jeweils auf die Steine. Die Stützbalken werden in den Schuhen immer so befestigt, dass das Holz keinen Bodenkontakt hat. Alle Verschraubungen in den Balken erfolgen natürlich wieder nur mit selbstschneidenden Hartholz-Edelstahlschrauben.

Wir haben die senkrechten Stützbalken bis stramm an den Deckendraht montiert. So konnten die Balken über der Voliere mit langen, großen Schrauben direkt darauf geschraubt werden, ohne das Dach zu belasten.

In unserem Fall war das möglich, da wir den Draht von außen/oben montiert hatten. Ansonsten würde man ein knappes Loch in den Draht schneiden und den Balken somit durch die Drahtdecke führen.

Die Querbalken über der Voliere als Halterung für die transparenten Dachplatten haben wir, entgegen meiner Empfehlung, aus rein optischen Gesichtspunkten nicht hochkant montiert. Aber zur Stabilisierung haben wir die Balken noch mit 2 mm starken Lochblechen verstärkt, die das Durchbiegen unter Last stark verringern.

Das Holz des Stützbalkens sollte keinen Bodenkontakt haben.

Die Querbalken wurden noch mit Lochblechen verstärkt.

Die Dachplatten sind mit speziellen Halterungen auf den Balken befestigt.

Die Dachrinne wurde an einem parallel verlaufenen Balken befestigt.

Die Dachplatten werden nun mit speziellen Halterungen auf die Balken geschraubt. Überstehende Dachplatten können Sie mit einer kleinen Flex und einer möglichst dünnen Scheibe abschneiden.

Da in unserem Fall das Regenwasser nun direkt gegen das Haus fließen würde, musste eine kleine Dachrinne montiert werden, die das Wasser abfängt. Diese Dachrinne bekommt man praktischerweise auch in Kunststoff und eckig. Mit speziellem Kleber (Tangit) werden Verlängerungen oder Winkel verklebt. Nehmen Sie genügend Kleber, damit die Verbindung abdichtet. Es gibt für diese Dachrinnen zwar spezielle Wandhalterungen, da ich die Wände aber nicht unnötig oft anbohren wollte, habe ich die Dachrinne ohne Halterungen direkt mit kleinen Edelstahlschrauben und Unterlegscheiben an einen parallel verlaufenden Bankiraibalken geschraubt.

Die überdachte Voliere aus der „Vogelperspektive" von außen betrachtet.

Die Innenausstattung der Voliere

Der Boden für den Pflanzbereich

In der Außenvoliere wird zuerst der Boden für den Pflanzbereich vorbereitet. So kann man den Trockenbereich als Arbeitsfläche noch mitnutzen. Der Erdboden im Pflanzbereich sollte, je nachdem wie gut der Boden ist, vorbereitet werden, indem man ihn mindestens zwei Spatentiefen umgräbt.

Machen Sie eine tiefe Testgrabung zum einen, um zu schauen, ob sich im Boden verdichtete harte Schichten befinden, zum anderen, um dann diese Schicht mühsam zu durchgraben, bis man auf weichen, hellen Sand stößt. Damit keine Staunässe entsteht, können Sie diese Stelle mit Kies oder Schotter auffüllen und durchlässig machen. Etwa 20 cm Durchmesser und eine Spatentiefe sollten dafür reichen. Wegen der Fundamente sollten Sie die Testgrabung eher mitten in der Voliere vornehmen.

Verdichteter und fetter Boden muss mit grobem Bausand „verdünnt" und möglichst durchlässig gemacht werden. Viel Torf und etwas natürlicher Kompost kann nicht schaden.

TIPP

Untergraben Sie nicht die Fundamente der Voliere oder der Sandsteinwände! Kommen Sie beim Umgraben diesen Umrandungen nicht näher als 50 cm.

Ein gutes Mischungsverhältnis ist:
30 % Mutterboden
20 % Torf
10 % natürlicher Kompost
40 % möglichst grober, heller Sand

Grundsätzlich sollte man eher mehr hellen Sand und weniger Mutterboden und Kompost verwenden. Das ist ein guter Kompromiss für Durchlässigkeit, Nährstoffe und gespeicherter Feuchtigkeit.

Danach wird der Boden glatt geharkt. Nach hinten sollte auch dieser Bereich ansteigen.

Der Boden für den Trockenbereich

An das Vogelhaus grenzt der überdachte Trockenbereich. Als Trennung zwischen dem Trockenbereich und dem Pflanzbereich haben wir etwas größere Sandsteine in geschwungener Linie zur Hälfte im Boden eingegraben. Im Trockenbereich wird nun der Erdboden etwa 10 cm abgegraben und danach möglichst festgestampft. Anschließend wird die Erde mit einer 10 cm dicken Schicht hellem Bausand aufgefüllt. Haben Sie die Möglichkeit, an eisenhaltigen, roten Sand heranzukommen (gibt es oft in Kiesgruben), sieht das noch viel „australischer" aus. Sie können auch beim nächsten Ziegelwerk anrufen und nach roter unbehandelter Tonerde fragen.

In der Voliere gibt es einen Pflanz- und einen Trockenbereich.

Der Boden sollte nach hinten leicht ansteigen. So kann man auch aus einigen Metern Entfernung die Vögel besser beobachten.

Nach Belieben können Sie den Sandboden noch mit Lehmputz mischen oder Lehmpulver in den Sand einharken und durch Nasssprühen, Stampfen und Austrocknen den Boden härter machen.

Seile und Zweige

Achten Sie genau darauf, dass Seile und Zweige nicht über Pflanzen, Dekomaterial oder Fressnäpfen montiert werden, damit die Sachen nicht vollgekotet werden.

Geeignet sind Zweige von verschiedenen Bäumen wie Kiefer, Fichte, Weide, Ahorn, Eiche, Buche und Obstbäume. Die Zweige sollten verschiedene Durchmesser haben, damit einseitige Belastungen vermieden werden. Ideal wären Zweige mit grober, vermooster oder mit Flechten bewachsener Rinde. Die sind zum Landen erheblich griffiger. Auf glatten Zweigen rutschen die Vögel manchmal herum „wie auf Glatteis“. Sich zu entspannen ist auf solchen Zweigen schwierig.

Bohren Sie an den Enden und auch dazwischen mehrere 4 mm große Löcher. Mit 3 mm dickem Hanfseil werden nun einige Zweige aufgehängt. Andere Seile werden zwischen Zweige gebunden, einige können wie ein Mobile aufgehängt werden usw. Auf diese Art können so leicht ganze Lande-, Relax- und Kletterlandschaften entstehen. Man muss selbst natürlich noch in der Voliere laufen und putzen können.

Im Trockenbereich werden deutlich mehr Seile oder/und Zweige aufgehängt als im Pflanzbereich, damit sich die gesamte Vogelschar bei schlechtem Wetter dort aufhalten und sich aus dem Weg gehen kann.

Im vorderen Bereich sollte man ganz links und rechts zwei Hauptzweige montieren, damit die Vögel gezwungen sind, lange Strecken zu fliegen. Diese Landezweige sollten etwa fingerdick sein und eine grobe, raue Rinde haben. Das erleichtert den Vögeln das Anfliegen.

Die Seile sollten unbedingt aus reinem Hanf bestehen.

Deko-Material

Moorkienwurzeln sind Wurzeln und Zweige, die ein paar tausend Jahre im Moor gelegen haben und völlig durchgegerbt sind. Sie sind daher fast ewig haltbar und neigen nicht zur Schimmelbildung. Somit sind sie eine tolle Deko-Möglichkeit. Sie können sich aber leicht mit Regenwasser vollsaugen und werden dann recht schwer. Moorkienwurzeln finden Sie in Torfabbaugebieten.

Moorkienwurzeln sind lange haltbar und verrotten nicht.

Die Korkröhren sind bei den Vögeln sehr beliebt.

Korkröhren sind ideale Höhlen zum Aufhängen. Sie sind sehr leicht, nehmen kaum Wasser auf und lassen sich somit auch im Pflanzbereich aufhängen.

Ein perfekter Aktionsplatz für Wellensittiche ist eine punktuell aufgehängte Korkröhre. Bohren Sie mittig ein Loch in die Röhre, stecken ein Seil hindurch und verknoten das Ende. Mit so einer wackeligen Schaukel können sich Wellensittiche stundenlang beschäftigen.

Aus **Kokosnussschalen** kann man tolle Sachen basteln: Regendächer für Finken-Nistkörbchen, gefüllte Futterkugeln, Nistkörbchen, Sandschale für Vogelgrit usw.

Oder bringen Sie beim nächsten Waldspaziergang doch mal etwas „Spielzeug“ mit wie zum Beispiel Moosplatten, Rinde, Hölzer oder Tannenzapfen.

Zur **Abschreckung von Wildvögeln** aus dem Volierenbereich könnten sie eine etwa 40 cm große Eulenfigur (oder Ähnliches) aufstellen. Unsere hat sogar einen Wackelkopf, der bei Wind hin und her schwingt. Die Volierenvögel sollten diesen Greifvogel aber nicht sehen können, denn sie wollen wir ja nicht vertreiben. Ob so eine Figur wirklich die Wirkung zeigt, ist schwer zu beurteilen. Aber schaden kann es auch nicht.

So eine Eulenfigur kann andere Vögel im Außenbereich abschrecken.

Lehmbeschichtungen im Außenbereich

Beschichten Sie Sitzgelegenheiten im Trockenbereich, egal ob dicke Hölzer oder Steine, mit Lehm, besonders an den Enden und Ritzen, da Schädlinge feuchte Holzritzen lieben.

Ich habe in der Voliere immer einen Eimer mit zähflüssiger Lehmschlämme stehen. Sollte sie nach einiger Zeit etwas eintrocknen, geben ich einfach etwas Wasser drauf, umrühren – und der Lehm ist wieder brauchbar. Ist der Lehm im Eimer komplett ausgehärtet, lassen Sie das Wasser einige Stunden oder Tage einwirken.

Mit einem dickem Flachpinsel gehe ich jedes Wochenende nach der Putzaktion mit dem Eimer durch die Voliere und bestreiche **partiell** Wände, Sitzstangen, Steine, Finken-Nistkörbchen usw. mit Lehmschlämme.

Selbst vollgekotete Stellen können Sie grob überbürsten und mit Lehmschlämme bestreichen. Nach dem Trocknen ist die Stelle wie neu, sauber und hygienisch unbedenklich. Werden die Lehmschichten in der überdachten Außenvoliere irgendwann mal zu dick – einfach mit dem Wasserschlauch darüber sprühen, dann fließt der flüssige Lehm in Strömen zwischen die Steine und auf den Boden, wo man ihn auch gleich als Bodenbelag trocknen und belassen kann.

Alten Lehm können Sie natürlich auch aufsammeln und wiederverwenden. Ist der Lehm aber stark mit Vogelkot versetzt, lieber entsorgen und durch sauberen Lehm ersetzen.

Eine Futterraufe für Meerschweinchen als Kugel zum Aufhängen ist der ideale Behälter für frische Vogelmiere.

Futterstelle im Außenbereich

Eine praktische Futterstelle können Sie wie folgt anfertigen:
Kaufen Sie in einem Angelgeschäft eine Alustange mit Gewinde (Angelständer), dazu einen Kunststoff-Blumenuntersetzer mit 25 bis 30 cm Durchmesser. In den Untersetzer bohren Sie ein kleines Loch und schrauben mit einer passenden Schraube plus Unterlegscheibe den Untersetzer auf das Gewinde der Alustange. Diese Futterstelle, in den Boden gesteckt, ist gut anzufliegen und gibt Mäusen garantiert keine Chance, die Schale zu erreichen.

Die Schale wird wöchentlich mit frischem Vogelsand befüllt und täglich von Futterresten befreit. Hin und wieder schrauben Sie die Schale ab und putzen sie sauber.

Diese Futterstelle wird von allen Vögeln gern angenommen und lässt sich ganz leicht selbst anfertigen.

Spielplatz

Für Ihre Schützlinge – egal ob Sittiche oder Finken – können Sie auch noch einen besonderen Spielplatz aufbauen:

Ein daumendicker Ast mit rauer Rinde wird ausbalanciert und an der entsprechenden Stelle durchbohrt. Dort wird ein Seil durchgezogen, das unten verknotet wird, damit es nicht durch den Ast rutschen kann, und schon haben Sie eine tolle Schaukel.

Wenn Sie dann in den Ast noch einige kleine Löcher bohren, in denen Sie Kolbenhirse befestigen können, ist das ein Aktionsplatz „par excellence".

Prachtfinken sind meist die Ersten auf dieser Fressschaukel, denn Kolbenhirse können sie absolut nicht widerstehen. Aber auch die Sittiche werden begeistert sein.

So eine „Futterschaukel" ist der Hit bei den Volierenbewohnern.

WALSRODE

Brauchen Sie noch mehr Dekorationsideen? Dann besuchen Sie doch mal den Vogelpark Walsrode. Mit einer Digitalkamera und Zoom kann man dort ein paar hundert Details und Dekorationsmöglichkeiten fotografieren und als Anregungen für die eigenen Pläne mit nach Hause nehmen.

Weitere Utensilien

Ein **Werkzeugkoffer**, nur für die Voliere, wäre sehr praktisch. Etwas zu basteln oder zu reparieren gibt es fast immer. So hat man dann alle speziellen Utensilien und Werkzeuge, wie zum Beispiel Asthalter, gleich zur Hand.

Ein **Vogelfang-Kescher** wird hin und wieder notwendig sein. Eine mittlere Größe mit möglichst feinem, weißem Gewebe hat sich am besten bewährt. So verhaken sich kaum Krallen im Gewebe und Sie können mit diesem Kescher auf der Wiese auch Insekten fangen – als Zusatznahrung während der Brutzeit.

Für die regelmäßigen Reinigungsarbeiten ist diese Kehrschaufel ideal.

Ein extrem praktisches, nahezu unentbehrliches Utensil ist die **Kehrschaufel** für Pferdeäpfel zusammen mit einem kleinen Kinderbesen und einem kleinen Rechen zum Harken.

Eine **Autofelgenbürste** mit sehr harten Naturborsten ist sehr praktisch zum Reinigen und Abbürsten der Steinwände und des Badebeckens.

Eine schmale **weiche Drahtbürste** oder eine sehr **harte Kunststoffbürste** brauchen Sie zum Abbürsten angekoteter Stellen auf lehmbeschichteten Steinen.

Einen extra Volieren-**Wasserschlauch** mit Impulsspritze benötigen Sie zum wöchentlichen Abspritzen der Pflanzen, der Steinwand im Pflanzbereich und zum Reinigen des Badebeckens. Ideal wären die neuen, sich ausdehnbaren Schrumpf-Gartenschläuche. Wir schließen ihn über einen dreh- und schwenkbaren Anschluss an den Wasserhahn über dem Waschbecken an.

Um den Vögeln im Winter das **Baden im Schutzhaus** zu ermöglichen und den Boden nicht unnötig zu nässen, können Sie einen sehr großen Blumenuntersetzer ab 40 cm Durchmesser und einen kleinen Blumenuntersetzer bis 20 cm Durchmesser nutzen. Wenn Sie nur den kleinen Untersetzer mit Wasser füllen und mittig in den großen Untersetzer stellen, wird der Boden beim Baden nicht unnötig nass.

Zur ständigen Kontrolle der Luftfeuchtigkeit und der Temperatur sollten im Vorraum des Schutzhauses ein **Hygrometer** und ein **Thermometer** aufgehängt werden.

Gute, solide **Trinkbehälter** bekommen Sie im Landhandel. Die ideale Größe beträgt etwa 1,5 Liter.

Hoffen wir mal, dass Sie keine brauchen. Wenn denn doch, kaufen Sie im Landhandel **Mausefallen**, die Ihren Vögeln nichts anhaben können. Die meisten sind viel zu gefährlich für die neugierigen Sittiche. Giftköder, auch wenn die Sittiche nicht direkt rankommen, kommen mir nicht in die Voliere. Ein Stück Käse als Köder tut es da auch.

Diese handelsüblichen Trinkbehälter lassen sich auch gut aufhängen.

Volieren-Umbauten

Gerade bei den vielen, oft etwas trostlosen Standardvolieren – ohne Sand, ohne Steine, ohne Pflanzen – kann man nachträglich einiges machen, das die Vögel nicht nur geistig fordert, sondern sie auch körperlich mehr auslastet, Schnabel und Krallen auf natürliche Weise abnutzt, die Brutwilligkeit erhöht und nebenbei auch noch teilweise das Reinigen der Anlage erleichtert.

Kletter-/Fresswand

Intelligente Vögel wie Sittiche brauchen ständig einen geistigen wie haptischen Input. Das könnte zum Beispiel eine Knabber-Kletter-Fress-Spielwand sein. So eine Wand können Sie ganz leicht wie folgt herstellen:

Auf eine Fichten-Leimholz-Platte schrauben Sie Äste, Kokosnussschalen, Rinde, Wurzeln, Korkröhren usw. und bestreichen oder verputzen die Konstruktion mit Lehmschlämme oder Lehmputz.

Das kostet nicht viel und die Vögel haben eine wichtige Beschäftigungsmöglichkeit. Sie könnten dort auch in Kokosnussschalen Futter anbieten oder Körner-Lehm-Gemisch (60% Körner, 40% Lehm, Wasser) direkt an die Wand „schmieren". Die Schicht sollte möglichst dünn sein, damit der Lehm schnell trocknet und die Körner nicht schimmeln. Sie können auch ein Grit-Lehm-Gemisch zum Bestreichen nehmen – das macht den Lehm noch mineralreicher. Die Vögel können so direkt die Körner und den Grit aus der Wand knabbern.

Hin und wieder sollte man dann die Wand abhängen, den Kot abbürsten und mit Lehmschlämme nachstreichen. Auf Spaziergängen können Sie auch mal neues Material mitbringen wie Moos, Rinde, frische Zweige und Ähnliches.

Ob man die Wand aufhängt, aufstellt oder fest montiert, muss man dann individuell entscheiden.

Lehmboden

Bei überdachten, trockenen Volierenabteilungen mit Betonboden können Sie nachträglich eine Lehmbodenschicht auftragen. Ob die dann 2 cm oder dicker wird, hängt von Ihrer Rahmenkonstruktion ab. Da der Lehm sehr gut und schnell Feuchtigkeit aufnimmt, wird der Vogelkot schneller austrocken – und das bedeutet weniger Krankheitskeime. Das ist besonders wichtig, wenn die Vögel Futterreste auch vom Boden fressen.

Der Lehmboden lässt sich besonders leicht abfegen. Und hin und wieder können Sie den Boden mit reiner Lehmschwämme nachstreichen, dann sieht er wieder absolut neu aus.

Der Lehmboden sollte zu 60 bis 70% aus Sand und zu 30 bis 40% aus Lehm plus Wasser bestehen. Mit einer großen Kunststoffkelle können Sie mit Druck den etwas angetrockneten Lehm noch verdichten und glatt streichen. Diese Arbeiten sollten Sie nur im Sommer durchführen, damit der Lehm auch vollständig austrocknen kann.

Lehmanstrich für Holzrahmenbau

In überdachten, trockenen Zuchtanlagen mit Holzrahmengestellen können Sie das Holz mit reiner Lehmschlämme anstreichen. Die Holzrahmen, besonders die aus sägerauem Holz, lassen sich danach leichter mit einer Bürste trocken abfegen. Stellen, die einer ständigen Kotattacke ausgesetzt sind, wie auch Holzritzen und Lücken sollten Sie besonders dick anstreichen oder besser noch unter 2 bis 3 cm dickem Lehmputz verschwinden lassen. Wenn Sie den Putz dann noch komplett anschrägen, können Sie den Randbereich bei den Putzarbeiten leicht mit abfegen. So ganz nebenbei wird der Holzrahmen auch noch durch den Lehmputz konserviert und die Haltbarkeit um ein Vielfaches verlängert. Holz kann – in trockenen Lehm eingehüllt – mehrere tausend Jahre alt werden. Den Volierendraht können Sie mit einputzen.

Für die Lehmschlämme wird nur Lehm mit Wasser vermischt, bis er zähflüssig ist. Für den Lehmputz werden 50 bis 60 % Sand und 40 bis 50 % Lehm mit Wasser vermischt.

Mit Puder- oder Silbersand wird der Putz besonders glatt und dicht und lässt sich noch leichter abfegen.

VOR SCHÄDLINGEN SCHÜTZEN

Beschichten Sie Holzwände mit Lehm, entzieht der Lehm dem Holz die Feuchtigkeit und dichtet Ritzen und Lücken ab. So haben Schädlinge keine Chance mehr, da diese sich besonders gern in feuchten Ritzen und Hohlräumen aufhalten und vermehren.
Das ist natürliche Schädlingsvermeidung ohne Chemie.

Sandsteinmauern für bestehende Volieren

Möchten Sie nachträglich in einer bestehenden Voliere eine Sandsteinmauer errichten, gibt es zwei Möglichkeiten. Haben Sie eine feste Rückwand? Dann können Sie vorgehen, wie zuvor unter „Sandsteinwand“ beschrieben.

Ohne feste Rückwand können Sie eine Sandsteinmauer aus Stabilitätsgründen aber nur in einer Ecke vermauern. Ist der Boden nicht aus Beton, benötigen Sie als Unterlage ein gutes Fundament. Die Steine müssen beim Mauern sauber und nass sein – nass, damit der Zement nicht zu schnell austrocknet. Puzzeln Sie die Steine so zusammen, dass sie auch schon von allein sehr gut liegen. Dann heben Sie den Stein an und geben Mörtel auf die Mauerstelle. Besonders die Eckverbindung muss sorgfältig mit mehr Mörtel vermauert werden. Aus optischen Gründen können Sie den Mörtel mit Zementfarbe einfärben.

Lassen Sie sich mit dem Hochmauern einige Wochen Zeit. Je länger der Mörtel in den einzelnen Schichten aushärten kann, bevor Sie weitermauern, desto besser. So können Sie von Woche zu Woche die Stabilität der Konstruktion überprüfen und sich eventuell noch eine weitere Schicht zutrauen. Während des Aushärtens des Mörtels sollten Sie die Steine täglich mit einer Sprühflasche Wasser anfeuchten.

Kennen Sie einen Maurer und fehlt Ihnen die Erfahrung, lassen Sie sich vielleicht helfen – wenigstens beim Anfang.

Ist die Wand im Trockenbereich, können Sie diese mit Lehmschlämme oder/ und Lehmputz bestreichen und dekorieren.

Entsteht die Wand im nicht überdachten Außenbereich, können Sie die Lehmbeschichtung vergessen. Sie wäre nach dem ersten Regenguss wieder aufgelöst.

Stattdessen impfen Sie die Sandsteine mit Moos. Im Laufe der Monate werden die Steine dann Stück für Stück von allein vermoosen. Frisches, junges Moos, die Mineralien aus dem Sandstein und das Kleinstgetier auf der Oberfläche sind gesunde Leckerbissen für die Vögel. Krallen und Schnabel werden auf solchen Sandsteinmauern gleichzeitig auch kurz gehalten.

Im Trockenbereich kann man die Mauer mit Lehm verputzen (a), im nicht überdachten Bereich sollte man die Steine mit Moos bewachsen lassen (b).

Die Bepflanzung

Über Eines muss man sich im Klaren sein: Alle Sittiche werden langfristig Ihre Pflanzen anknabbern oder ganz zerstören. Da kann es nur heißen: Ärgern Sie sich nie über zerbissene Pflanzen – der Weg ist das Ziel! Sie werden sicher ständig oder zumindest öfter mal ein- und umpflanzen. So wird es auch nicht langweilig – weder für Sie, noch für die Vögel.

Einfach und kostengünstig ist es, wenn man sich im eigenen Garten einen kleinen Bereich mit jungen Eichen-, Buchen-, Ahorn- und Weidensetzlingen bestücken kann, um sich dort dann kostenlos zu bedienen. Die aus der Voliere ausrangierten Bäumchen werden beschnitten und dürfen sich dann im Garten erholen oder sie landen im Kamin.

Eine abwechslungsreiche Bepflanzung gehört zu einer Natur-Voliere.

Leider sind die Angaben über geeignete Pflanzen sehr widersprüchlich. In dem einen Buch sind Koniferen, Holunder und Liguster besonders empfehlenswert, im nächsten Buch aber als besonders giftig beschrieben. Im Zweifelsfall sollten Sie lieber alle umstrittenen Pflanzen weglassen.

Giftige Zimmer- und Gartenpflanzen

- **A**kazie, Ackerbohne, Aderfarn, Adonisröschen, Alpenrose, Alpenveilchen, Amaryllis, Aronkelch, Avocado
- **B**echerprimel, Begonie, Belladonna-Lilie, Bilsenkraut, Bittersüß, Blauregen, Bocksdorn, Brechnussbaum, Buntwurz
- **C**hristusdorn, Clematis
- **E**feutute, Eibe, Eisenhut, Engelstrompete
- **F**aulbaum, Fingerhut, Ficus/Birkenfeige, Flamingoblume, Forsythie
- **G**eißblatt, Ginster, Glyzinie, Goldtrompete, Goldregen, Gundelrebe, Gummibaum
- **H**ahnenfuß, Herbstzeitlose, Hortensie, Hyazinthen
- **I**mmergrün
- **J**akobs-Greiskraut
- **K**aiserkrone, Kirschlorbeer, Korallenbeere, Kornrade
- **L**iguster, Lupine
- **M**aiglöckchen, Mistel
- **N**achtschattengewächse, Narzissen, Nieswurz
- **O**leander
- **P**faffenhut, Philodendron, Prachtlilie, Primeln
- **R**hododendron, Rhabarber, Ritterstern, Rizinus, Robinie
- **S**chierling, Schneeball, Schwarze Heckenkirsche, Seidelbast, Seidenblume, Spitzblume, Stechapfel, Stechpalme
- **T**abakpflanze, Tollkirsche, Tollkraut
- **W**eihnachtsstern, Wolfsmilch, Wunderstrauch, Wüstenrose

Für die Voliere geeignete Büsche und Bäume

Ahorn, Buche, Erle, Eberesche/Vogelbeere, Esche, Espe, Fichte, Haselnuss, Kiefer, Lärche, Linde, Obstbäume, Pappel, Platane, Ulme, Weide, Walnuss

Geeignete Grünfutter-Pflanzen

Ackersenf, Ampfer, Beifuß, Breitwegerich, Brunnenkresse, Basilikum, Estragon, Frauenmantel, Gänseblümchen, Hirtentäschelkraut, Huflattich, Kamille, Klee, Knöterich, Kreuzkraut, Kresse, Kümmel, Lavendel, Löwenzahn, Margerite, Melisse, Minze, Ringelblume, Salbei, Schafgarbe, Spitzwegerich, Thymian, Vogelmiere, Wiesenknopf

Geeignete Beeren

Blaubeere, Erdbeere, Heidelbeere, Johannisbeere, Preiselbeere

Geeignete Ranken

Hopfen, Kiwi, Vogelwicke, Weiki, Wein, Wilder Wein

Geeignete Futterpflanzen, Getreide, Gräser
Bambus, Gerste, Hafer, Hirse, Immergrüne Zierhirse, Kolbenhirse, Mais, Rispengras, Roggen, Sesam, Sonnenblume, Weizen, Wildhirse

Mit wildem Wein lassen sich gut die Wände begrünen.

Ideale Pflanzen für die Voliere

Die perfekte Volierenpflanze ist die **Korkenzieherweide**. Sie wächst nicht nur gerade nach oben, sondern auch gedreht in verschiedene Richtungen und bietet so sehr gute Landemöglichkeiten. Sie können Weiden fast beliebig zurechtschneiden und mit stabilem Edelstahldraht auch in eine gewünschte Form bringen. Bevor der Draht ganz in den Zweig einwächst, sollte man ihn nach etwa einem Jahr wieder entfernen. Abgeschnittene Zweige können Sie angespitzt wieder in die Erde stecken. Wenn sie tief im Boden stecken, treiben sie meist wieder aus und bilden neue Wurzeln.

Korkenzieherweiden-Stecklinge sollten im Herbst mindestens 50 cm tief eingepflanzt werden, wenn die Zweige kein Laub mehr tragen. Mit einer Astschere bringen Sie die Weide auf die gewünschte Höhe und in die gewünschte Form. Jetzt können die Weidenzweige über den Winter ruhen, um dann im Frühjahr neu auszutreiben.

Im Frühjahr/Sommer geschnittene Zweige sollten Sie ein paar Wochen in einem Eimer Wasser bewurzeln lassen und dann erst einpflanzen. Am Anfang oft und viel gießen.

Korkenzieherweide treibt gut aus und lässt sich daher ganz leicht vermehren.

Korkenzieherweiden sind sehr dankbare Volierenpflanzen.

Sie können mit (geraden) Weidenzweigen tolle, lebende **Weidenskulpturen** anpflanzen als geflochtener Weidenzaun, Weidenzelt, Weideniglu usw.

Pflanzen Sie zum Beispiel etwa 3 m lange Weidenzweige im Halbkreis. Die Spitzen der Zweige binden Sie zusammen und dann ziehen Sie die Zweige mit einem Hanfband zu einem Dach nach unten. Einen Stein binden Sie an das Band und zwingen so die Weiden, in der neuen Position zu verharren. Nach etwa einem Jahr bleiben die Zweige auch ohne Band und Stein in der Position.

Seitlich austreibende Zweige können Sie dann mit den senkrechten Stämmen verflechten und so Stück für Stück ein dichtes Zelt erstellen. Im Internet finden Sie noch viele andere Anregungen. Falls Sie einen kreativen künstlerischen „grünen Daumen“ haben – Weidenbau kann süchtig machen!

Ein paar Korkenzieherweiden sollten Sie in den Garten pflanzen. Wenn Sie die Seitenzweige entfernen und nur die obersten Zweige stehen lassen, bekommen Sie innerhalb einiger Jahre starke Kopfweiden, die Sie jedes Jahr abernten können. An armdicken Weiden treiben jedes Jahr etwa 1 bis 2 m lange neue Zweige aus.

Ähnlich geeignet ist die **Korkenzieher-Haselnuss**. Diese bietet ähnlich gute Lande- und Klettermöglichkeiten. Diese Pflanze sollten Sie aber bewurzelt kaufen, da sie nicht so leicht als Steckling wieder Wurzeln bildet.

Krüppelkiefern oder **Kiefern** sind ideal, da sie von den Sittichen nicht so schnell entlaubt werden. Sie sind ideale Versteck-, Aufenthalts- und Brutbäume für viele Prachtfinken.

Kiefern oder andere Nadelbäume lassen sich wöchentlich sehr gut mit einem Gartenschlauch abspritzen und vom Kot befreien. Bei Laubpflanzen ist das leider nicht so leicht möglich.

Verschiedene größere Gräser bringen Abwechslung in die Voliere.

Den Boden des Pflanzbereichs kann man ideal mit **Rasen**, größeren **Gräsern** und **Breitwegerich** bepflanzen. Breitwegerich ist eine stabile, recht trittfeste Pflanze. Sie lässt sich gut mit dem Gartenschlauch abspritzen und ist zudem auch noch gesund.

Wenn Sie Rasen säen, werden die jungen Pflänzchen wahrscheinlich sofort komplett abgefressen. Fertiger Rollrasen, in Stücken eingepflanzt, schafft da Abhilfe.

Wird der Rasen nicht ganzflächig gepflanzt, sondern aufgelockert mit hellen und roten Sandflächen, gespickt mit großen Kieselsteinen, sieht das dann noch viel natürlicher aus.

Vogelmiere ist die Grünfutterpflanze schlechthin. Sie allerdings in der Voliere anzupflanzen ist zwecklos, denn sie wird sofort abgefressen. Vogelmiere sollten Sie mehrmals wöchentlich in gepflücktem Zustand oder angepflanzt in kleinen Zinkeimern oder Töpfen anbieten. Wenn Sie die Vogelmiere nicht komplett abfressen lassen, sondern durch den nächsten Topf tauschen, kann die Pflanze wieder nachwachsen.

In den überdachten Trockenbereich können Sie ein paar Gräser und Kräuter pflanzen, wenn Sie den Pflanzen hin und wieder Wasser geben. Im Wurzelbereich sollte natürlich nicht nur weißer Sand sein.

Geeignet sind dort **Lavendel** und **Blaugras**. Andere Gräser sollte man einfach mal ausprobieren.

Immergrüne, dichte Pflanzen wie **Thuja** haben den Nachteil, das manche Prachtfinken im Winter dort unkontrolliert brüten könnten. Bei Frost ist das tödlich für die kleinen Finkenkörper. Ansonsten sind die Pflanzen ideal für die Voliere, da sie nicht gleich komplett entlaubt werden und mit dem Wasserschlauch leicht sauber abgespritzt werden können.

Die Thuja ist allerdings bezüglich der Giftigkeit heiß umstritten: von besonders empfehlenswert bis sehr giftig. Ich habe es ausprobiert und eine gelbe Thuja gepflanzt. Fast alle haben daran geknabbert – unsere Ziegensittiche sogar öfter und ausgiebig. Auch nach Monaten ist kein Vogel gestorben. Ich konnte bei den Vögeln auch keine Vergiftungen feststellen. Das ist aber keine Empfehlung, sondern lediglich eine Beobachtung.

Waldmoos ist ein natürliches Grünfutter und hält sich lange in der Voliere.

Waldmoos-Platten mit Walderde lassen sich wunderbar dekorieren und werden liebend gern von allen Vögeln abgeknabbert. Selbst an der Walderde wird genascht.

Das ist ein natürliches Grünfutter, das Sie selbst im Winter aus dem Wald mitbringen können – und dann hält es sich auch noch wochenlang draußen im nicht überdachten Bereich. Von welcher Grünfutterpflanze kann man das sonst behaupten?

Vogelarten für die Naturvolieren-Haltung

Grundsätzlich sind natürlich alle Vogelarten in Naturvolieren am besten untergebracht – zumindest was Sonnenlicht, Pflanzen, Flugraum, Steine, Sand, Regen und tierische oder pflanzliche Zusatznahrung angeht.

Importvögel aus tropischen Gebieten haben sich in ihrer Heimat den klimatischen Bedingungen über Jahrtausende angepasst und sind nicht geeignet, monatelanges nasskaltes Wetter zu ertragen. Bei Vögeln, die seit Generationen hier gezüchtet werden, sieht die Sache schon anders aus. Mit beheiztem Schutzhaus und Teil-Außenüberdachung kann man viele Arten inzwischen auch unter unseren klimatischen Bedingungen im eigenen Garten halten.

Von Wildfängen und Importen sollte man auch aus Naturschutzgründen die Finger lassen. Einzig speziellen Bestandsschutz-Züchtern sollte die Haltung von Wildfängen gestattet sein, um zum Beispiel vom Aussterben bedrohte Vogelbestände zu erhalten.

Ein friedliches Miteinander in der Natur-Voliere!

Schließen wir alle sehr großen und aggressiven Vögel aus, kommen wir der Bezeichnung und Vorgabe „artgerecht“ schon mal näher. Wollen wir unsere Ohren schonen und auch die Nachbarn nicht vergraulen, fallen noch alle lauten Vögel weg.

Wer Zwerghühner, Täubchen, Zwergkäuzchen oder seltenere einheimische Vögel wie Distelfinken oder Fichtenkreuzschnabel halten möchte – die Liste an geeigneten, tollen und interessanten Vögeln ist sicherlich riesengroß.

Diese Buch behandelt aber vor allem die zwei Vogelgruppen, die ich seit Jahren in unserer Naturvoliere erfolgreich und möglichst natürlich halte und pflege und mit denen ich entsprechende Erfahrungen gemacht habe: Sittiche und Prachtfinken.

Sittiche

Sittiche können ganz unterschiedlich sein. Warum sind manche nachtaktiv oder tagaktiv, ruhig oder laut, passiv oder aktiv, aggressiv oder friedlich? Warum leben die einen nur als Paar, die anderen aber in einer Gruppe oder sogar in großen Schwärmen?

Betrachtet man die Umweltfaktoren in ihrer natürlichen Heimat, so lassen sich die meisten Lebens- und Verhaltensweisen erklären, denn sie werden bestimmt durch Lebensraum, Klima, Ernährungsweise und natürlich Feinde.

- Sittiche aus Wüstenrandgebieten sind wegen der tagsüber vorherrschenden Temperatur meistens abends besonders aktiv.
- Sittiche aus südamerikanischen Wäldern sind meistens recht laut, da dichte Wälder sehr viel Schall absorbieren.
- Sittiche, die in Gruppen, Schwärmen oder Kolonien leben, sind in der Regel friedlich – zumindest untereinander.

Diese und andere Lebens- oder Verhaltensweisen haben sich durch Anpassung über Jahrtausende entwickelt. Trotz klimatischer Veränderungen und anderer Lebensbedingungen in unseren Volieren werden die inzwischen fest „programmierten", instinktgesteuerten Verhaltensweisen beibehalten. Daher sind nicht alle Sitticharten für die Haltung in einer Gemeinschaftsvoliere geeignet.

Begriffserklärungen und Empfehlungen

In der (Fach-)Literatur findet man meistens ausführliche Beschreibungen über die verschiedenen Sitticharten. Teilweise sind diese Angaben aber etwas irreführend, daher wird hier kurz auf die wichtigsten Merkmale eingegangen.

Mittellaute und laute Sittiche

Solche Sitticharten sind in dichten Wohngebieten für eine Gartenvoliere nicht geeignet. Für laute Sittiche müsste man schon einen frei stehenden Bauernhof sein Eigen nennen, um es sich mit der Nachbarschaft nicht zu verscherzen.

Ruhige Sittiche

Wenn dieser Begriff in der Literatur benutzt wird, bedeutet dies aber nicht leise Sittiche! Diese Sittiche können sehr wohl sehr laut werden – sie schreien nur nicht oft und regelmäßig.

Paarhaltung

Wenn die Paarhaltung empfohlen wird, sollte man diese Sittiche nicht mit anderen Sittichen zusammen halten. Denn in der Brutphase kann es zu ernsthaften Kämpfen kommen. Ein Paar australische Sittiche, selbst die etwas aggressiveren Plattschweifsittiche, kann man jedoch auch mit Prachtfinken zusammen halten und so eine ansehnliche Volierengemeinschaft aufbauen. Die kleinen Prachtfinken sind für die Sittiche keine Konkurrenten.

Gemeinschaftshaltung

Dies bedeutet, dass eine Haltung mit anderen friedlichen Sittichen und Prachtfinken möglich ist.

Gruppenhaltung

Damit ist eine Haltung nur von Sittichen der gleichen Art gemeint, aber nicht zusammen mit artfremden Sittichen.

UNZERTRENNLICHE

Bei Agaporniden (Unzertrennlichen) wie Rosenköpfchen, Pfirsichköpfchen, Erdbeerköpfchen, Rußköpfchen, Schwarzköpfchen, Orangeköpfchen und Taranta-Bergpapagei ist trotz der kleinen Größe der Vögel eine Haltung mit anderen Sittichen und auch mit Prachtfinken nicht möglich. Abgebissene Zehen und Füße wären die Folge. Als Koloniebrüter in der Gruppe kann man sie aber halten.

Größenangaben

Die Größenangaben allein sind nicht unbedingt aussagekräftig, da es Arten gibt, die sehr lange Schwanzfedern haben und dadurch auch entsprechend groß angegeben werden. So scheint zum Beispiel der Pflaumenkopfsittich mit angegebenen 33 cm recht groß zu sein, ist aber sehr klein, da allein seine Schwanzfedern etwa 20 cm lang sind.

Bei diesen Sittichen schreibe ich zu der Zentimeterangabe noch den Hinweis klein bzw. mittel.

In Deutschland häufig gehaltene Sittiche

Sittiche, die in der Aufstellung fett gedruckt sind, werden im folgenden Kapitel näher beschrieben.

- Adelaidesittich *(Platycercus elegans subadelaidae)*, Australien, 35 cm, mittellaut, Paarhaltung
- **Aymarasittich** *(Psilopsiagon aymara)*, Südamerika, 20 cm, leise, Paarhaltung, Gruppenhaltung
- Banardsittich *(Barnardius barnardi)*, Australien, 35 cm, mittellaut, Paarhaltung
- Bauers Ringsittich *(Barnardius barnadi zonarius)*, Australien, 37 cm, mittellaut, Paarhaltung
- Bergsittich *(Polytelis anthopeplus)*, Australien, 40 cm, ruhig-laut, friedlich, Gemeinschaftshaltung
- Blaugenick-Sperlingspapagei *(Forpus coelestis)*, Südamerika, 13 cm, mittellaut, Paarhaltung
- Blasskopfrosella *(Platycercus adscitus palliceps)*, Australien, 32 cm, mittellaut, Paarhaltung
- **Bourkesittich** *(Neopsephotos bourkii)*, Australien, 19 cm, sehr leise, sehr friedlich, Gemeinschaftshaltung
- Buru-Königssittich *(Alisterus amboinensis buruensis)*, Australien, 42 cm, ruhig-laut, Paarhaltung
- Cloncurrysittich *(Barnardius barnardi macgillivrayi)*, Australien, 33 cm, mittellaut, Paarhaltung
- Erdbeerköpfchen *(Agapornis lilianae)*, Afrika, 13 cm, laut, Paarhaltung, Gruppenhaltung
- Gelbbauchsittich *(Platycercus caledonicus)*, Tasmanien, 37 cm, mittellaut, winterfest, Paarhaltung
- Glanzsittich *(Neophema splendida)*, Australien, 20 cm, sehr leise, friedlich, Gemeinschaftshaltung
- Grauköpfchen *(Agapornis canus)*, Madagaskar, 14 cm, leise, Paarhaltung, Gruppenhaltung
- Grünwangen-Rotschwanzsittich *(Pyrrhura molinae)*, Südamerika, 26 cm, sehr laut, Paarhaltung
- Halsbandsittich/Kleiner Alexandersittich *(Psittacula krameri)*, Asien, Afrika, 40 cm, sehr laut, Paarhaltung
- Hornsittich *(Eunymphicus cornutus)*, Neukaledonien, 32 cm, leise, Paarhaltung
- **Katharinasittich** *(Bolborhynchus lineola)*, Südamerika, 16 cm, ruhig-laut, friedlich, Gemeinschaftshaltung
- Kragensittich *(Barnardius banardi semitorquatus)*, Australien, 40 cm, mittellaut, Paarhaltung

- Mönchsittich *(Myiopsitta monachus)*, Südamerika, 30 cm, sehr laut, Gruppenhaltung, Koloniebrüter
- Nymphensittich (gehört zu den Kakadus) *(Nymphicus hollandicus)*, Australien, 32 cm, laut, friedlich, Gemeinschaftshaltung
- Orangeköpfchen *(Agapornis pullarius)*, Afrika, 15 cm, ruhig-laut, Paarhaltung, Gruppenhaltung
- Pennantsittich *(Platycercus elegans elegans)*, Australien, 36 cm, mittellaut, Paarhaltung
- Pfirsichköpfchen *(Agapornis fischeri)*, Afrika, 15 cm, laut, Paarhaltung, Gruppenhaltung
- Pflaumenkopfsittich *(Psittacula cyanocephala)*, Asien, klein 33 cm, ruhig-mittellaut, friedlich, Gemeinschaftshaltung
- Princesse-of-Wales Sittich *(Polytelis alexandrae)*, mittel 40 cm, laut, friedlich, Gemeinschaftshaltung
- Rosellasittich *(Platycercus eximius eximius)*, Australien, 30 cm, mittellaut, Paarhaltung
- Rosenköpfchen *(Agapornis roseicollis)*, Afrika, 15 cm, sehr laut, Paarhaltung, Gruppenhaltung
- Rotflügelsittich *(Aprosmictus erythropterus erythropterus)*, Australien, 32 cm, ruhig-laut, Paarhaltung
- Rußköpfchen *(Agapornis nigrigenis)*, Afrika, 13 cm, laut, Paarhaltung, Gruppenhaltung
- Schildsittich/Barrabandsittich *(Polytelis swainsonii)*, Australien, 40 cm, laut, Paarhaltung
- **Schwalbensittich** *(Lathamus discolor)*, Australien/Tasmanien, 25 cm, mittellaut, friedlich, Gemeinschaftshaltung
- **Schmucksittich** *(Neophema elegans)*, Australien, 22 cm, sehr leise, sehr friedlich, Gemeinschaftshaltung
- Schönsittich *(Neophema pulchella)*, Australien, 22 cm, sehr leise, friedlich, Gemeinschaftshaltung
- Schwarzköpfchen *(Agapornis personatus)*, Afrika, 14 cm, laut, Paarhaltung, Gruppenhaltung
- Singsittich *(Psephotus haematonotus)*, Australien, 27 cm, mittellaut, Paarhaltung
- **Springsittich** *(Cyanoramphus auriceps)*, Neuseeland, 23 cm, leise, friedlich, Gemeinschaftshaltung
- Sonnensittich *(Aratinga solstitialis)*, Südamerika, 30 cm, sehr laut, Paarhaltung
- **Stanleysittich** *(Platycercus icterotis)*, Australien, 25 cm, mittellaut, Paarhaltung
- Strohsittich *(Platycercus elegans flaveolus)*, Australien, 33 cm, mittellaut, Paarhaltung
- Taranta-Bergpapagei *(Agapornis taranta)*, Afrika, 17 cm, ruhig-laut, Paarhaltung

- Vielfarbensittich *(Psephotus varius)*, Australien, 27 cm, mittellaut, Paarhaltung
- **Wellensittich** *(Melopsittacus undulatus)*, Australien, 18 cm, leise, friedlich, Schwarm- und Gemeinschaftshaltung
- **Ziegensittich** *(Cyanoramphus novaezelandiae)*, Neuseeland, 27 cm, leise, friedlich, Gemeinschaftshaltung
- Zitronensittich *(Psilopsiagon aurifrons aurifrons)*, Südamerika, 18 cm, ruhiglaut, friedlich, Gemeinschaftshaltung

Bei richtiger Vergesellschaftung bleibt es selbst dicht gedrängt in einem Futtertrog friedlich.

Die Anforderungen für eine geeignete Auswahl sind enorm hoch. Gilt es doch, den eigenen Wünschen, den Vögeln und auch den Nachbarn (Geräuschbelastung) gerecht zu werden.

Im Folgenden werden Sitticharten aufgeführt, die für eine Gemeinschaftshaltung geeignet sind, wobei dies natürlich nur eine Auswahl ist. Alle empfohlenen Arten benötigen ein geeignetes, im Winter leicht beheizbares Schutzhaus.

Ziegensittich und Springsittich

Ziegen- und Springsittiche gehören zu den sogenannten Laufsittichen. Der Ziegensittich trägt seinen deutschen Namen aufgrund seines ziegenartigen Meckergesangs.

Der verwandte Springsittich meckert ähnlich – nur ein bisschen leiser. In Neuseeland heißen Ziegen- und Springsittiche „Kakariki“. In der Sprache der Maori bedeutet das „Kleiner Papagei“.

Die rote Zeichnung auf dem Kopf ist das Erkennungszeichen für den Ziegensittich.

In ihrer Heimat sind die Bestände der Ziegensittiche leider sehr bedroht. Von Seefahrern eingeschleppte Ratten und Katzen haben den Vögeln arg zugesetzt.

Der Springsittich ist weniger im Bestand bedroht, da er sich seltener auf dem Boden aufhält als der Ziegensittich. Er ist in freier Wildbahn meist in den Baumkronen anzutreffen.

Beide Arten kommen ausschließlich auf Neuseeland und den vorgelagerten Inseln vor. Sie haben sich endemisch nur auf diesen Inseln entwickelt.

Neuseeland mit den vorgelagerten Inseln war erdgeschichtlich ein Teil der Antarktis. Da der Winter auf diesen Inseln hart und kalt sein kann, sind die Sittiche auch für unser Klima bestens geeignet. Sie haben eher ein Problem mit zu viel Sonne bzw. Hitze. Ein Teilbereich der Voliere sollte also immer beschattet sein.

Die Tiere leben in ihrer Heimat in Wäldern und an Waldrändern in Küstennähe. Sogar auf baumlosen kleinen Inseln kommen sie vor. Dort haben sie sich an ein bodennahes Leben angepasst.

Und diese bodennahe Anpassung ist ihr Problem. Die Ziegensittiche brüten auf diesen Inseln in Erdhöhlen, Felsspalten oder offen zwischen Gräsern. Und dort sind sie leider relativ schutzlos den Ratten und Katzen ausgeliefert.

Inzwischen hat die neuseeländische Regierung Hilfsprogramme gestartet und bereits einige kleine Inseln von Ratten und Katzen befreit. Einer erfolgreichen Neuansiedlung steht dort eigentlich nichts im Wege, da die Ziegensittiche sehr vermehrungsfreudig sind.

Sie sind hervorragende, rasante Flieger und exzellente Kletterer. Mit ihren starken Beinen und Füßen können sie, ohne Zuhilfenahme des Schnabels, Felsen und Zweige erklettern.

Ziegensittiche sind rasante Flieger.

Die Naturform ist bei beiden Arten dunkelgrün mit leicht hellerem Bauch. Der Schnabel ist silbrig mit dunkler Spitze; die Füße sind dunkelgrau. Das Gewicht des Ziegensittichs beträgt etwa 110 g.

Ziegensittiche haben eine rote Stirn und rote Wangenflecken, Springsittiche hingegen einen gelben Kopfschmuck mit rotem Stirnband ohne Wangenfleck!

Ziegensittiche gibt es inzwischen auch in Gelb, Aqua-Blau, Ino-Cremefarben und einigen anderen Kreuzungen oder Mutationsfarben. Kräftige, satte Farben zeigen sich aber bisher nur bei naturgrünen und gelben Vögeln.

Geschlechtsunterschiede: Männchen haben einen größeren Kopf, größeren Schnabel und der Rotanteil auf dem Kopf ist ausgeprägter.

Ziegen- und Springsittiche sind ausgesprochen robust und unempfindlich, leise, friedlich, schnell zutraulich, leicht züchtbar, sehr aktiv und äußerst neugierig.

Ziegensittiche können jedoch sehr unterschiedliche Charaktere haben. Verhaltensmuster wie zutraulich, wild, scheu, dominant, unterwürfig zeigen sich oft erst in großen Gemeinschaftsvolieren. Haben Sie gewisse Vorstellungen von Ihren zukünftigen Ziegensittichen, fahren Sie am besten zu einem Züchter und lassen Sie sich genügend Zeit, die Vögel zu beobachten. Eventuell kann der Züchter Ihnen auch den „passenden“ Vogel empfehlen.

Hält der Züchter die Vögel paarweise, sollten Sie ein „verliebtes“ Paar nicht trennen. Wenn die Brut klappt und der Partner nicht stirbt, bleiben sie vermut-

Das Ziegenmädchen bettelt nach ritueller Fütterung. Nur wenige Minuten später kam es zur Begattung.

lich ein Leben lang zusammen. Ansonsten sollten Sie auf Größenunterschiede, intensive Farben, eindeutige Arten-Farbzeichnung/-Merkmale und vollständiges, glattes Gefieder besonderen Wert legen.

Kaufen Sie keine Vögel in der Mittagszeit! Da haben die Tiere „Siesta“-Ruhephase. Eine Beurteilung über das Wesen und die Aktivität des Vogels ist dann nicht möglich. Den besten Kauf macht man sicherlich morgens zur Fresszeit.

Halten Sie nicht beide Arten, also Ziegen- und Springsittich, zusammen in einer Voliere, da es ansonsten zu fruchtbaren Mischlingen kommen kann. Hybriden/Mischlinge erkennen Sie an angedeuteten Wangenflecken bei den Springsittichen und aufgehellter, orangefarbener statt kräftig roter Farbe bei der Ziegensittich-Kopfbefiederung.

Reinrassige Ziegen- oder Springsittiche sind allerdings auch kaum noch zu bekommen. Selbst in freier Natur auf Neuseeland gibt es dort, wo beide Arten gleichzeitig vorkommen, Kreuzungen.

Die Mutationsfarbe Gelb trat zuerst beim Ziegensittich auf. Um diese Mutationsfarbe auf den Springsittich zu übertragen, wurden und werden diese beiden Arten öfter gekreuzt, mit der Folge, dass der Ziegensittich kleiner und der Springsittich größer wurde.

Die gelbe Farbe entstand beim Ziegensittich durch Mutation.

Die rein gelben Ziegen gelten inzwischen als überzüchtet. Schauen Sie sich die gelben Ziegen also genau an. Erste Anzeichen einer Degeneration durch Inzucht und Überzüchtung sind fehlgestellte Füße bzw. Zehen.

Die Ziegensittiche sind ursprünglich im Vergleich zu den Springsittichen etwas größer und etwas lauter. Ziegen haben eine Größe von etwa 27 cm, Springsittiche von etwa 23 cm. Leider liegen beide Arten aber meist dazwischen. Achten Sie beim Kauf eben auch auf die Größe. Besonders Springsittiche in ihrer ursprünglichen, kleinen Größe sind eher selten.

Sie können mehrere Ziegen- oder Springsittiche in einer Voliere halten, aber während der Brutphase herrscht absoluter Ausnahmezustand. Dann können auch die bisher friedlichsten Ziegensittiche territorial und aggressiv werden. Artfremde Sittiche werden meist nur aus dem nahem Umfeld des Nistkastens vertrieben, artgleiche Sittiche werden unter Umständen gejagt. Sie wären ja auch direkte Konkurrenten um die Gunst des Partners.

Am besten halten Sie daher diese Sittiche paarweise. Eine Kombination mit den kleinen, wendigen und wehrhaften (Hansi-Bubi)-Wellensittichen und Prachtfinken ist aber möglich.

In der freien Natur sind Ziegen- und Springsittiche keine Schwarmvögel. Sie werden oft nur paarweise angetroffen. Bei kleinen Gruppen sind die anderen Vögel meistens die noch nicht geschlechtsreifen Jungtiere, die sich aber mit der Geschlechtsreife nach etwa drei bis sechs Monaten von den Eltern lösen.

Eine Gruppenhaltung ohne Nistmöglichkeiten ist aber absolut möglich – und auch sehr, sehr interessant. So einer Gruppendynamik kann man sich als Zuschauer nur schwer entziehen. Eine größere Gruppe ist dann unproblematischer als eine kleine Gruppe von vielleicht zwei bis drei Paaren. Um ein oder zwei Nebenbuhler kann man sich noch „kümmern" – werden es zu viele, gibt man das auf. Und das gilt nicht nur für die Ziegenmänner, auch die Hennen können absoluten Zickenalarm machen – und richtig mobben.

Da die Vögel sehr neugierig, verspielt und aktiv sind, brauchen sie unbedingt – um diesen Spieltrieb auszuleben – frische Zweige zum Beknabbern und Entlauben, Hanfseile zum Klettern, Korkröhren zum Verstecken, kleine Kartons zum Zerlegen, Sand zum Scharren, Walderde zum Graben, zu Bündeln gebundene Gräser, Badebecken oder Schalen oder zum Beispiel eine Ecke mit dickem Laub gespickt mit einer Handvoll Maden. So können sie erfolgreich nach Futter wühlen.

In der Erde nach Futter wühlen – da sind Ziegensittiche in ihrem Element.

Bringen Sie bei einem Waldspaziergang doch mal etwas Spielzeug mit wie Rinde und Moos. Die Ziegen werden die Neuheiten sofort untersuchen und auch liebend gern zerlegen. Trotzdem gehören sie nicht unbedingt zu den Holznagern, die eine Holzvoliere zerlegen würden. Ohne geistige und körperliche Beschäftigung würden solch intelligente Sittiche auf Dauer abstumpfen.

Ziegensittiche müssen immer abwechslungsreich beschäftigt werden.

Diese Sittiche ernähren sich von Sämereien, Beeren und Insektenlarven. Anderes tierisches Eiweiß finden sie in ihrer Heimat am Strand in Form von Krebsen und Vogeleiern.

Ziegen scharren wie Hühner im Boden nach Fressbarem. Aber leider scharren sie auch in Futterautomaten. Und die sind dann ruckzuck leer gescharrt. Selbst Futterautomaten mit kleinen Öffnungen sind vor ihnen nicht sicher. Die Sittiche sind halt sehr geschickt und haben ja viel Zeit für solche Spiele. Die Chance, die Automaten nicht leer zu scharren, wird größer, wenn Sie in den Automaten nur kleine Sämereien für Prachtfinken anbieten.

Stattdessen sollten Sie den Ziegen-/Springsittichen im Innenraum ein Futterbrett bauen gefüllt mit Vogelsand und etwas Grit/Kalk. Dort können die Sittiche dann im Sand nach Futter scharren und etwas weniger Unfug anstellen. Körner und Grünfutter kommt direkt auf den Sand. Eifutter sollten Sie aber in Schalen mit hohem, nach innen gewölbtem Rand anbieten. Dann wird nicht gleich alles im hohen Bogen rausgescharrt.

Obst und Gemüse bieten Sie am besten in flachen, glasierten Schalen und in großen, ganzen Stücken an. Dann hält es länger und wird auch nicht in der ganzen Voliere verteilt. Im Außenbereich spießen Sie Obst- und Gemüsestücke auf einen „Futterbaum“.

Frisches Obst und Gemüse kann man auf Zweigen aufspießen, dann muss sich der Ziegensittich richtig anstrengen, um daran zu kommen.

Für die Zucht nutzen Sie idealerweise große Baumstammhöhlen. Die werden von den Ziegen meist sofort akzeptiert und isolieren viel besser gegen Hitze und Kälte. Recht günstig sind solche Nisthöhlen auf Vogelbörsen zu bekommen.

Die Nistkastenöffnung sollte etwa 7 cm betragen. Eine wenige Zentimeter dicke Schicht Fichtenhäcksel sollte man auf den Nistkastenboden streuen. Fichtenhäcksel bildet nicht so schnell Schimmelsporen wie Buchenhäcksel.

Ob die Nisthöhle auf dem Boden steht oder hoch aufgehängt wird, spielt keine große Rolle. Direkt auf dem Boden dürfen die Nistkästen allerdings nicht stehen – dann schimmelt der Nistkasten durch aufsteigende Feuchtigkeit (siehe auch Kapitel „Die Brutphase").

Ziegensittiche brauchen, besonders während der Aufzucht, tierische, eiweißreiche Zusatznahrung. Geeignet sind unter anderem Eifutter, lebende Maden, getrocknete Gammarus (Süßwasserkrebse) und Ameiseneier. Mit dem Vogelkescher frisch gefangene Insekten von der Wiese werden auch nicht verschmäht. Die Gammarus bekommen Sie günstig im Zoofachhandel als Teichfutter. Das Eifutter können Sie noch mit einem geraspeltem Apfel oder eingeweichtem Möhrengries anfeuchten und ein paar Gammarus untermischen.

Für die tägliche Ernährung brauchen die Ziegen- und Springsittiche ein Großsittich-Körnerfutter-Gemisch, gekeimte Sämereien, Äpfel, Birnen, Sellerie, Salatgurken, Vogelmiere und wöchentlich frisch geschnittene Gräser.

Gute und abwechslungsreiche Ernährung heißt aber in der Natur grundsätzlich: brüten, brüten, um den Bestand zu erhalten.

Ziegensittiche sind sehr fortpflanzungsfreudig.

Sehr gute Ernährung und keine Bruten zuzulassen, ist somit für „nur" Liebhaber ohne Zuchtabsichten ein kleines Problem. Aber das gilt nicht nur für die Ziegensittiche, sondern auch für alle anderen Arten.

Ziegen- und Springsittiche baden gern, viel und täglich. Also sollten Sie täglich das Badewasser tauschen bzw. den Wasserfall oder den Zulauf für das Badebecken mehrmals täglich für ein paar Minuten laufen lassen.

Ziegen- und Springsittiche sind absolut tolle, liebenswerte und sehr aktive, ja nahezu perfekte Volierenvögel.

Das tägliche Bad muss sein.

Katharinasittich

Katharinasittiche kommen ursprünglich aus Mittel- und Südamerika. Sie leben in kleinen Gruppen tagsüber meist getarnt im Blätterwerk der Bäume. Sie gehören wie die Aymarasittiche und Zitronensittiche zu den Dickschnabelsittichen.

Mit der natürlichen grünen Wildfarbe ist der Katharinasittich gut getarnt.

In den meisten Büchern werden die Katharinasittiche als „leise“ beschrieben. Dies stimmt leider nicht! Es mag zwar noch angehen, wenn sie in kleinen überschaubaren Volieren gehalten werden, sobald die Voliere aber größer und für die Vögel unüberschaubar wird, können die Kontaktrufe laut werden. Besonders morgens, nach dem Aufwachen, werden erst einmal draußen einige Runden gedreht. Und das kann recht lautstark sein. Kann man den Kumpel nicht sehen, wird er halt gerufen.

Ansonsten sind die Katharinas absolut liebenswert, friedlich, klettern und laufen wie große Papageien – sind aber mit ihren etwa 16 cm eher winzig.

Wenn sie es nicht von Geburt an in einer großen Voliere gelernt haben, sind sie eher schlechte Flieger. Sie brauchen entsprechend in einer Voliere immer gute Landemöglichkeiten. Dünne, wackelige Zweiglein sind da völlig ungeeignet. Dann machen die Katharinas Purzelbäume.

Morgens wird erst mal eine Runde „gedreht".

Das sieht zwar putzig aus, ist aber nicht artgerecht. Auch Zweige mit glatter Rinde sind landungstechnisch nicht gerade von Vorteil. Ideal sind Zweige mit rauer und grober Rinde von fingerdick bis armdick.

Katharinasittiche gehören eher zu den kleinen Sitticharten.

Es gibt die Katharinasittiche mittlerweile in vielen Farbschlägen wie Hellgrün, Dunkelgrün, Gelb, Ino (Cremefarben), Blau, Türkis, Grau und andere. Sie alle sind gleich unempfindlich. Besonders schön sind die wildfarbenen leuchtend hellgrünen Katharinas, wie sie in Mexiko und Mittelamerika vorkommen. Die matteren, dunkelgrünen Katharinasittiche sind eine Unterart aus Peru.

Geschlechtsunterschiede sind sehr schwierig zu erkennen: Männchen haben mehr Schwarzanteil in den Flügeln und in den mittleren Schwanzfedern. Am besten vertrauen Sie diesbezüglich dem Sachverstand des Züchters.

Katharinasittiche gibt es in verschiedenen Farbschlägen – wie hier in Blau.

Für eine Gemeinschaftsvoliere sind die absolut friedlichen Katharinasittiche nur dann zu empfehlen, wenn sie mit ruhigen, friedlichen Sittichen wie zum Beispiel Bourkesittichen vergesellschaftet werden. Auch Prachtfinken in der Gemeinschaft sind unproblematisch.

Nur zu zweit, in einem kleinen Käfig gehalten, würde man wohl nie das interessante Verhalten dieser Sittiche kennenlernen. Für den Betrachter sind sie dort völlig langweilig, und für den Vogel bedeutet das: Er verkümmert – geistig und körperlich. Als Gruppenvogel und Koloniebrüter sollten Sie die Katharinas nur zu mehreren Paaren in einer größeren Voliere halten.

Um an die Gräser heranzukommen, werden Katharinasittiche geistig und körperlich gefordert.

Bieten Sie draußen regelmäßig halbe Äpfel und als Schaukel gebundene Gräser mit Sämereien an, dann zeigen diese liebenswerten Zwerge eine ruhige, aber tolle Show.

Sollten Sie eine Gemeinschaftshaltung mit lebhaften Sittichen wie Ziegen-, Spring- oder Wellensittichen planen, muss die Voliere sehr groß (ab etwa 6 m Länge) und verwinkelt sein. Das heißt, außerhalb der Flugbahnen sollten Ruhe- und Versteckplätze vorhanden sein, die es den Katharinas ermöglichen, sich dem wilden Treiben zu entziehen. Vertragen würde sich die Gemeinschaft zwar auch in einer 2 x 4 m großen Voliere, aber da würden Sie den nicht wehrhaften Katharinas nicht gerecht werden.

Als Nahrung benötigen sie Großsittichfutter, täglich Obst (Äpfel, Birnen) und Gemüse, Vogelmiere, frisch gepflückte Gräser mit Sämereien, etwas Waldvogelfutter.

Die Katharinas brauchen, besonders im Schutzhaus, genügend Lauf- und Kletterseile, da viele Wege gelaufen und nicht geflogen werden! Im Schutzhaus sollten daher genügend Schlaf-/Ruheabteile vorhanden sein, die man zu Fuß per

Seil erreichen kann. Dort wird jeden Tag stundenlang gedöst – und natürlich auch nachts geschlafen.

Frisches Obst darf nicht fehlen. Es ist ein Hauptbestandteil der täglichen Ernährung.

Katharinas haben ein sehr ausgeprägtes Paarverhalten. Sie sind immer zu zweit und kraulen, putzen, pflegen und kuscheln sich gegenseitig.

Ein harmonisches Paar schreitet auch in einer Gemeinschaftshaltung mit anderen Vögeln bereitwillig zur Brut. Sie legen drei bis vier, im Verhältnis zum Vogel recht große Eier.

Da die Katharinas ja nicht gerade zu den Flugkünstlern gehören, knote ich ein 12 mm starkes Hanfseil an die Nistkastenanflugstange, sodass sie den Nistkasten bequem erlaufen können. So ist eine Versorgung des brütenden Weibchens und der Jungvögel vom Männchen besser zu bewerkstelligen. Ein Zweig oder ähnliches Klettermaterial tut es natürlich auch.

Katharinas baden absolut nicht – dafür duschen sie im Regen umso lieber. Oft hängen sie dabei an der Decke oder an Zweigen und räkeln sich mit gespreiztem Gefieder, bis sie klitschnass sind.

Katharinasittiche wirken meist sehr zutraulich, da sie bei Annäherung bis zur letzten Sekunde ruhig sitzen bleiben. Von Natur aus sind sie das aber nicht. Dieses Verhalten ist wohl eher eine Mischung aus „starr vor Angst" und vermeintlicher Tarnung. In letzter Sekunde, bevor man sie berühren könnte, fliegen sie aber dann doch panisch fort.

Nähert man sich den Katharinas von hinten, spreizen sie – sofern sie das mitbekommen – die Schwanzfedern fächerartig auseinander. Soll heißen: Warnung – ich bin viel größer, als ich aussehe.

Lauf- und Kletterseile sind im Schutzhaus wichtig für die Katharinasittiche.

Es kann durchaus sein, dass sich Katharinasittiche eine Höhle graben.

Sollten sich die Katharinas mal in eine Steinritze pressen oder eine Höhle unter einen Stein/Holz graben (kein Scherz) und dort reinklettern, versuchen Sie nicht, sie zu „retten", indem Sie die Vögel am Schwanz herausziehen. Sie würden nur Schwanzfedern ernten.

Merken Sie sich die Ritze, in der sie verschwunden sind, und warten Sie ab. In den meisten Fällen kommen sie da auch wieder raus, wo sie reingekommen sind. Später sollten Sie solche Stellen mit kleinen Steinen und etwas Zementmörtel verschließen. Im Trockenbereich können Sie das natürlich auch mit Lehmputz tun.

Katharinas sind absolut liebenswerte, kleine Zwergpapageien. Wenn Ihr Nachbar aber mit offenem Schlafzimmerfenster schläft, kann es wegen der lauten Rufe frühmorgens Probleme geben. Bei geschlossenem Fenster ist das aber in Ordnung und tagsüber sind die Katharinas ohnehin sehr ruhig.

Bourkesittich

Der Bourkesittich bewohnt in Australien in kleinen Gruppen die trockenen Gebiete. Sogar direkt in Wüstenrandgebieten kommt er vor. Er ist abendaktiv und bei hellen Nächten sogar nachtaktiv. Früher hat man gedacht, er gehört zu den Grassittichen, aber neuere DNA-Untersuchungen haben ergeben, dass sie nicht eng verwandt sind und der Bourkesittich einer eigenen Gattung zugeordnet wird.

Bourkesittiche sind ruhig, passiv, sehr leise, absolut friedlich und abendaktiv. Wenn alle anderen Vögel schon schlafen, hört man die leicht pfeifenden Fluggeräusche und eventuell auch ein sehr leises Zwitschern der Bourkes. In manchen warmen, hellen Nächten singen sie sogar richtig schön – nun, singen ist vielleicht zu viel gesagt – aber ein sehr melodiöses Zwitschern, das Sie sonst nie von Ihren Bourkes zu hören bekommen. Wir konnten dieses „Singen" bisher nur nachts hören.

Der Bourkesittich ist besonders abends aktiv.

Aber was machen die Bourkes nachts draußen? Fressen, trinken, balzen zumindest nicht. Das machen sie frühmorgens oder abends. Wissenschaftlich würde man sagen, das ist noch nicht erforscht. Unwissenschaftlich würde ich sagen, die fühlen sich sicher und haben Spaß am Fliegen.

Die Bourkesittiche zeigen zwar ein Gruppenverhalten, aber immer schön mit Abstand. Ein Paarverhalten ist nicht zu beobachten. Nur während der Brutzeit machen Bourkes zwangsläufig eine Ausnahme (sonst wären sie auch schon ausgestorben). Bei ihnen sieht das Paarverhalten fälschlicherweise aber eher nach Dauerehekrise aus. Möchten Sie sich eher an einem ausgiebigen Paarverhalten mit Kuscheln und Schmusen erfreuen, sollten Sie sich stattdessen oder zusätzlich für Katharinasittiche entscheiden.

Ansonsten gibt es wohl kaum einen friedlicheren Papagei als den Bourkesittich. Man kann ihn ohne Weiteres in Gruppen zu mehreren Paaren halten und mit allen friedlichen Sittichen und Prachtfinken vergesellschaften. Sie sind so passiv-friedlich, dass sie sich sogar von Prachtfinken einzelne kleine Bauchfedern rausrupfen lassen – so beobachtet in unserer Voliere, durch dreiste Spitzschwanzamadinen, die mit diesen Federn ihr Nest auspolsterten. Ausschließlich in der Brutphase werden sie etwas wehrhafter.

Bourkesittiche schreiten häufig zur Brut.

Bourkesittiche schreiten bereitwillig zur Brut. Und wenn sie keinen Nistkasten finden, nisten sie sich auch schon mal bei den Katharinasittichen mit ein oder da, wo man sie lässt und noch ein paar Zentimeter in einem fremden, besetzten Sittichnistkasten frei sind.

Die Bourkes baden sehr ungern – duschen aber liebend gern im Regen. Nach fast zwei Jahren haben unsere Bourkesittiche aber doch angefangen zu baden. Ihre ständigen Beobachtungen der badenden Mitbewohner haben dann wohl irgendwann das Eis gebrochen. Allerdings nehmen sie kein wild spritzendes Vollbad wie Ziegensittiche, sondern baden sehr verhalten mit Bewegungen wie im Duschbad – als wenn das Wasser von oben kommen würde. Oft baden sie auch trocken auf einem erhöhten Stein im Badebecken mit den gleichen Verrenkungen, aber ohne Wasser. Da trifft angeborenes Verhalten auf ein erlerntes Verhalten.

Als Nahrung benötigen Bourkesittiche Sittichfutter, frische halbreife Gräser, Keimfutter, Vogelmiere, Obst, Gräser, Exotenfutter (gekeimt und trocken), Eifutter.

Die Wildvögel sind nur etwa 19 cm groß, die Volierenvögel mit etwa 22 cm etwas größer.

Geschlechtsunterschiede: Männchen haben ein blau angedeutetes Stirnband und sind kräftiger gefärbt als die Weibchen.

Versuchen Sie möglichst wildfarbene, kontrastreiche Bourkesittiche zu bekommen. Die sind robuster als die oft überzüchteten Farb-Bourkesittiche. Besonders anfällig sind weiße oder rosa-weiße Bourkesittiche.

Schmucksittich

Der Schmucksittich bewohnt, in kleinen Gruppen, die südlichen Küstengebiete Australiens. Es sind leider kaum noch reinerbige Exemplare erhältlich. Die meisten sind Feinsittich-Schmucksittich-Mischlinge. Die Feinsittiche sehen fast gleich aus, sind aber Zugvögel. Feinsittiche brüten in den Sommermonaten wie die Schwalbensittiche auf der Nachbarinsel Tasmanien. Schmuck- und Feinsittiche zählen zu den Grassittichen.

Das markante, blaue Stirnband ist das Erkennungszeichen für die Schmucksittiche.

Bei den Schmucksittichen reicht das blaue Stirnband bis hinter das Auge. Bei den Feinsittichen endet das blaue Stirnband vor dem Auge.

Geschlechtsunterschiede: Die Weibchen haben eine etwas mattere Gefiederfarbe als die Männchen. Auch der Blauanteil ist beim Weibchen geringer und matter.

Die Schwanzfedern sind beim Männchen etwas länger.

Die Größe beträgt 22 bis 23 cm.

Schmucksittiche lassen sich mit allen friedlichen Sittichen und Prachtfinken vergesellschaften. Sie sind meist völlig ruhig und haben nur eine leise Stimme. Sie sind friedlich, unauffällig passiv und zeigen kein Paarverhalten.

Schmuck- und Feinsittiche gelten als die robustesten Grassittiche, schreiten aber in der Gemeinschaftshaltung nicht so leicht zur Brut wie Bourkesittiche.

Als Nahrung benötigen die Schmucksittiche Großsittichfutter, halbreife Sämereien, gekeimte Sämereien, frisch geschnittene Gräser, hin und wieder Obst.

Die Wildfarbe ist Grün mit einem gelben Bauch, einem blauen Stirnband, blauen Flügelansätzen und manchmal einem kleinen roten Bauchfleck. Farbschläge sind gelb oder gelb-grüne Schecken.

Für besonders schöne Exemplare mit sauberen, klaren Kontrasten, deutlichem dunkelblauem Stirnband mit türkisfarbenem Randstrich und eventuell rotem Bauchfleck sollten Sie auch ruhig ein paar Euro mehr investieren.

Wenn Schmucksittiche zur Brut schreiten, fühlen sie sich wohl.

Schönsittich und Glanzsittich

Schön- und Glanzsittiche wären in der Gemeinschaftshaltung auch denkbar. Sie sind aber in einer ganzjährigen Gartenvoliere deutlich anfälliger als Schmuck- und Bourkesittiche. Farblich sind sie jedoch eine Augenweide, besonders die naturfarbenen Glanzsittiche. Kaufen Sie diese Sittiche am besten nicht auf einer Börse, sondern bei einem guten Züchter.

Wellensittich

Wellensittiche sind neugierig und zutraulich.

Eine absolute Augenweide ist ein kleiner Schwarm Wellensittiche, und zwar nicht die überzüchteten großen Schauwellensittiche, auch nicht der etwas kleinere Halbstandard-Wellensittich, sondern der kleine „Hansi-Bubi“ (der diesen Namen erhalten hat, weil Hansi und Bubi die am häufigsten verwendeten Namen für Wellensittiche waren). Er ist etwa 18 cm groß, die frei lebenden Wellensittiche in Australien sind sogar noch etwas kleiner.

Die kleinen Hansi-Bubi-Wellensittiche sind deutlich quirliger, verspielter, munterer, neugieriger und langlebiger als die größeren Vettern. Allerdings „quatschen“ die Wellis sehr viel – nicht sehr laut, es kann aber stören.

Der Wellensittich kommt in ganz Australien vor. Dort tritt er manchmal in riesigen Schwärmen von Hunderten oder sogar Tausenden auf. Wie bei einer Horde Zebras können so Angreifer nicht so leicht ein einzelnes Opfer lokalisieren.

In der Sprache der australischen Ureinwohner heißt der Wellensittich „Budgerigar“ – und das bedeutet so viel wie „gutes Essen“!

Am schönsten ist es, einen kleinen Schwarm Wellensittiche zu halten.

Die Zucht ist leider sehr leicht. Das macht den Vogel viel zu billig. Versuchen Sie daher lieber, Vögel von seriösen Liebhaber-Züchtern direkt zu beziehen, auch wenn Sie dafür etwas mehr zahlen. Mittlerweile gibt es außer der grünen Wildfarbe auch zahlreiche Farbschläge wie Blau, Hellblau, Oliv, Gelb, Gescheckt, Grau, Weiß und deren Varianten und Kombinationen. Achten Sie beim Kauf aber vor allem auf den Gesundheitszustand der Vögel und deren Herkunft und nicht nur auf eine außergewöhnliche Farbe.

In Australien sind Wellensittiche absolute Überlebenskünstler, die sich auf die widrigsten Umstände einstellen können. Sie sind sehr friedlich, aber häufig etwas frech und aufdringlich (siehe auch Seite 181 „Nesträuber").

Wellis brauchen, noch mehr als Ziegensittiche, genug Möglichkeiten, ihren ungezügelten Spieltrieb auszuleben. Sie scheinen geradezu „unter Strom zu stehen" und sind immer in Aktion. Sind sie in einer großen Voliere aufgewachsen, sind sie absolute Flugkünstler – und bieten eine echte Show.

Als Nahrung benötigen sie Sittichfutter, gekeimte Sämereien, frische halbreife Gräser, Obst, Gemüse und Eifutter.

Mit ihrer typischen Wellenzeichnung und den klaren Farben sind Wellensittiche einfach eine Augenweide und immer interessant zu beobachten.

Vergesellschaften kann man sie gut mit Ziegensittichen, Springsittichen, Bourkesittichen, Schmucksittichen, Aymarasittichen, Prachtfinken und Kanarienvögeln. Mit den wenig wehrhaften Katharinasittichen sind sie nur bedingt zu vergesellschaften. Sie bekämpfen sich zwar nicht, aber die aufdringlichen Wellis könnten die Katharinas sehr stressen. Besonders blaue Wellis haben es auf blaue Katharinasittiche abgesehen. Oder blaue Wellis mögen sie besonders gern – zumindest werden die Katharinas penetrant belästigt. Bei anderen Farben konnten wir das nicht so stark beobachten.

Ein Wellensittichschwarm ist selbst für nervenstarke größere Sittiche eine einschüchternde wilde Horde.

Zwei blutsfremde Paare sind, was den Spieltrieb angeht, deutlich spannender zu beobachten als nur ein Paar. Mehrere Paare sind, selbst in einer großen Voliere und in einer Gemeinschaftshaltung mit anderen Sittichen, eher einschüchternd und auch nicht so leicht zu beobachten.

Der Schwalbensittich mit der wunderschönen Zeichnung ist in der freien Natur bedroht.

Schwalbensittich

Der Schwalbensittich bewohnt die südlichen Küstengebiete Australiens. Zum Brüten wird er aber, wie der Feinsittich auch, zum Zugvogel und fliegt übers Meer zur Nachbarinsel Tasmanien.

Dieser etwa 25 cm große, quirlige, lebendige und wunderschöne Sittich mit den leuchtenden Farben und der roten Gesichtsmaske ist ein hervorragender Flieger. Leider ist er aber in der freien Natur vom Aussterben bedroht. Es wurden nur noch wenige tausend Exemplare gezählt.

Die Abholzung ihrer Brut- und Futterbäume als Nutzholz und die eingewanderten Stare, die den Schwalbensittichen ihre Nistplätze streitig machen, haben den Beständen dramatisch zugesetzt. In den Züchterkreisen sind die Bestände inzwischen aber gesichert.

Schwalbensittiche sind Koloniebrüter und können als Schwarm gehalten werden. Wenn die Jungvögel bei den Eltern aufwachsen, können sie sich wunderbar in der Gruppe sozialisieren.

Entwicklungsgeschichtlich wurde der Schwalbensittich irgendwo zwischen den Loris und den Plattschweifsittichen eingeordnet, wobei neuere Untersuchungen ergeben haben, dass er mit den Plattschweifsittichen nahe verwandt ist. Die Schwalbensittiche haben aber wie die Loris eine pinselartige Zunge, mit denen sie Nektar aus Blüten lecken können.

Als Nahrung benötigen sie zähflüssigen Brei aus Honig, Wasser, Möhrengries, Fruchtsaft, sowie zusätzlich gekeimte Sämereien, Obst, halbreife frische Sämereien und etwas Großsittichfutter. Der Kot ist, ähnlich wie bei den Katharinasittichen, die sehr viel Obst fressen, deutlich dünnflüssiger als bei den anderen Sittichen.

Schwalbensittiche sind nicht sehr laut, aber auch nicht leise und nicht sehr melodiös. Daher könnte ihre Haltung, wenn man empfindliche Nachbarn hat, eventuell bedenklich sein.

Eine Vergesellschaftung mit den bisher genannten Sittichen und Prachtfinken ist aber möglich. Es besteht jedoch die Möglichkeit, da unterschiedliche Nahrungsansprüche bestehen, dass Schwalbensittiche dann fehlernährt werden bzw. sich selbst fehlernähren, und zwar durch zu viel trockene Sämereien.

Am besten informieren Sie sich vorher detailliert bei einigen Schwalbensittich-Züchtern und entscheiden dann selbst, ob Schwalbensittiche bei Ihnen mit anderen Körnerfressern vergesellschaftet werden sollten.

Aymarasittich

Der Aymarasittich stammt ursprünglich aus Südamerika und gehört zu den Dickschnabelsittichen. Er bewohnt dort die Gebirgsregionen bis zu 4000 m Höhe und ist ein sehr guter Flieger.

Aymaras haben ein ausgeprägtes Paar- und Sozialverhalten. Das macht sie interessanter als Bourke- und Schmucksittiche oder andere Grassittiche. Bei denen beschränkt sich das Paarverhalten nur auf die Brutphase.

Der Aymarasittich gehört zu den südamerikanischen Dickschnabelsittichen.

Aymarasittiche unternehmen fast alles zu zweit.

Wie die verwandten Katharinasittiche unternehmen Aymaras fast alles zu zweit und knabbern/klettern gern in Zweigen. Sie brauchen regelmäßig frische und dünne Obst-, Weiden- oder Ahornzweige mit Blättern oder Knospen zum Abknabbern.

Aymaras brüten in freier Natur in Felsspalten und Höhlen. In der Voliere tut es zum Glück aber auch eine Holzkiste. Die Gelege sind meist recht groß. Sie legen in der Regel sechs bis acht, in Ausnahmefällen sogar zehn bis zwölf Eier. Da die Aymara in freier Natur in Lehmwänden auch Höhlen graben, könnten Sie den Nistkasten mit einer Lehm-Fichtenhäcksel-Mischung auskleiden, insbesondere auch den Eingang. Zum Austrocknen stellen Sie den Nistkasten dann offen in die pralle Sonne.

So haben die Aymara einiges zu knabbern und können ihren natürlichen Bruttrieb besser ausleben. Im Gegensatz zu den anderen beschriebenen Sittichen tragen Aymaras zusätzlich Gräser in die Bruthöhle. Bei Nestkontrollen verlassen die Vögel nicht freiwillig den Nistkasten, sondern beugen sich über ihre Eier und geben knisternde/knatternde Geräusche von sich.

Der kleine, nur etwa 22 cm große Aymarasittich mit seinem nur selten zu hörenden leisen Gezwitscher ist ein idealer Volierenvogel. Mit einem frostfreien Schutzhaus ist er auch in unseren Breitengraden winterfest. In der Gemeinschaftsvoliere bleiben die Tiere jedoch relativ scheu. Gebadet wird nur selten, und dann eher, wenn sie sich unbeobachtet fühlen und das Badebecken allein nutzen können.

Geschlechtsunterschiede: Weibchen mit blasserer Kappe auf dem Kopf und matterer, etwas dunklerer Brust. Die Schwanzfedern beim Männchen sind etwas länger.

Als Nahrung benötigen sie Sittichfutter, etwas Waldvogelfutter, täglich Obst und Gemüse und zur Zucht auch Eifutter.

Der Nistkasten wird von Aymarasittichen gern angenommen.

Der junge Aymarasittich besitzt schon die typische Färbung.

An der schwarzen Kappe sind die Aymarasittiche gut zu erkennen.

Leider können Aymaras, anders als in fast allen Büchern beschrieben, recht aggressiv werden. Besonders Katharinasittichen gegenüber werden sie manchmal sehr aggressiv. Und die kleinen, passiven Katharinas können sich den Angriffen nicht erwehren. Selbst die deutlich größeren Ziegensittiche verstecken sich, wenn die Aymara plötzlich durchdrehen.

Aggressives Verhalten gegenüber Bourkesittichen, Schmucksittichen und Prachtfinken konnten wir nicht beobachten. Ein kleines Restrisiko bleibt aber.

Aymarasittiche können sich anderen Mitbewohnern gegenüber durchaus aggressiv verhalten.

Nymphensittich

Die systematische Einordnung des Nymphensittichs war lange umstritten. Heute weiß man, dass er zu den Kakadus zählt. Er ist in Australien weit verbreitet. Trotz seiner Größe von über 30 cm ist er sehr friedlich und gut mit anderen Sittichen und Prachtfinken zu vergesellschaften. In einer Voliere mit Schutzhaus ist er auch bei uns winterfest.

Der Nymphensittich wird sehr schnell zahm und zutraulich und ist fast perfekt für eine Garten-Gemeinschaftsvoliere geeignet. Leider ist er aber recht laut und daher zumindest den direkten Nachbarn nicht unbedingt zuzumuten.

Zitronensittich

Dieser aus Südamerika stammende Sittich wird etwa 16 cm groß. Seine Heimat sind die Hochgebirgswälder. Diese kleinen und friedlichen Sittiche mit der grünen Gefiederfarbe und dem gelblichen Bauch waren bisher leider sehr empfindlich und nur schwer einzugewöhnen. Das wird sich in letzter Zeit durch regelmäßige Nachzuchten sicherlich gebessert haben. Wenn Sie sich für diese Art interessieren, holen Sie sich daher erst einmal die notwendigen Informationen am besten bei einem erfahrenen Zitronensittich-Züchter. Er wird sie gern beraten. Irgendwelche Tiere ohne nähere Hintergrundinformation auf einer Vogelbörse zu kaufen, ist dagegen nicht ratsam.

Für die Gemeinschaftsvoliere weniger geeignete Arten

Völlig ungeeignet für eine Gemeinschaftshaltung sind die **Agaporniden (Unzertrennliche)** wie Rosenköpfchen, Schwarzköpfchen, Pfirsichköpfchen und andere Arten. Diese kleinen Afrikaner sind teilweise sehr laut und beißen anderen Sittichen und Finken gern auch schon mal in die Füße (oder Schlimmeres). Wer sich für diese Vögel entscheidet, sollte in seiner Voliere also eine reine Agaporniden-Gruppe halten.

Alle **Rosella-Arten (Plattschweifsittiche)** sind für die Gemeinschaftshaltung auch ungeeignet. Selbst der kleine, friedlichere Stanleysittich, der leider kaum noch reinerbig zu bekommen ist, ist leider nur bedingt geeignet. Spätestens während der Brutphase gibt es meist Stress. Ausnahme sind möglichst kleine (eventuell reinerbige) Stanleys, die nur mit Prachtfinken vergesellschaftet werden.

Die Prachtfinken sind für die Stanleys keine Konkurrenten und werden meist gar nicht beachtet. In Einzelfällen mag das auch mit anderen Sittichen (außer den kaum wehrhaften Katharinasittichen) gehen, aber das wäre reiner Zufall. Denkbar wäre eine Kombination mit den sehr schnellen, wendigen und wehrhaften Wellensittichen.

Wenn Sie die Möglichkeit haben, die Stanleys notfalls anderswo unterzubringen, kann man es über eine Brutphase hinaus und in der Gemeinschaftshaltung mit den anderen genannten Sittichen ausprobieren.

Lohnenswert wäre es allemal. Verhalten und Spieltrieb sind absolut sehenswert, die Stimmen und flötenartigen Töne sind akzeptabel und das satte Rot des Männchens macht sich auch sehr gut in der Voliere.

Wenn Sie es versuchen oder riskieren möchten, sollten Sie ein möglichst junges, gerade mal futterfestes, blutsfremdes Paar bei einem Züchter erstehen.

Weitere **südamerikanische Sittiche** sind, zumindest in Gemeinschaftsvolieren und mit Nachbarn, kaum zu empfehlen, wenn man folgende Ansprüche stellt: klein, leise, friedlich und winterfest. Da bleibt kaum noch einer übrig!

Über „klein" könnte man sich ja noch streiten. Bei der Lautstärke wird es schon eindeutiger. Die meisten Südamerikaner sind sehr laut und die Lautstärke zum Beispiel von Sonnensittichen ist schon schmerzhaft. Nachbarn wünschen Sie dann dahin, wo der Pfeffer wächst – und das wären die toleranten Nachbarn. Die anderen rufen gleich die Polizei.

„Friedlich" – ist in einer Gemeinschaftshaltung eine Voraussetzung. Ansonsten muss man die Sittiche paarweise halten.

„Winterfest" – nun ja, das hängt dann von ihrer Volierenanlage ab. Aber wenn die Sittiche oder Papageien auch im Winter täglich einige Runden im Außenbereich drehen möchten, sollten sie schon winterfest sein.

Prachtfinken und andere Ziervögel

Grundsätzlich gilt das Gleiche wie für Sittiche: Es muss ein leicht temperiertes Schutz-/Schlafhaus geben, das groß genug ist, da sich die Vögel im Winter hauptsächlich dort aufhalten sollten. Wärmeempfindliche Arten müsste man dann in die Ersatzvoliere ins Haus holen.

Prachtfinken kann man sehr gut mit für die Gemeinschaftsvoliere geeigneten Sittichen zusammen halten. Da die Prachtfinken keine Konkurrenten für die Sittiche darstellen, werden sie meist gar nicht beachtet.

Möchten Sie aber lieber eine grüne und bunte Biotop-Voliere mit Pflanzen und Blumen, denken Sie doch mal über eine reine Prachtfinkengemeinschaft nach – gerade auch in einer großen Voliere! Das Paar- und Gruppenverhalten ist bei diesen Zwergen auch sehr interessant.

Prachtfinken sind nicht nur friedlich, sondern auch sehr zutraulich.

Und es gibt dann noch einen großen Vorteil – da es viel mehr geeignete und friedliche Arten für die Gemeinschaftshaltung gibt als bei den Sittichen, können Sie sich hin und wieder von Vogelbörsen oder Züchtern ein neues Pärchen mitbringen. Die Jungvögel kann man dann auch noch gleich in der Voliere belassen und in den Schwarm integrieren. Die Geräuschbelastung wird kaum größer, da

Die meisten Prachtfinken-Arten vertragen sich auch untereinander wunderbar.

Eine bunte Gesellschaft!

die Prachtfinken alle extrem leise sind. Viele zwitschern sogar so hochfrequent, das man sie gar nicht oder kaum wahrnehmen kann. Nur die Jungvögel sind in den ersten Wochen, solange sie durch die Eltern gefüttert werden, mit den Bettellauten deutlich lauter als die Eltern.

Die üblicherweise angegebene Größe der Vögel ist nicht besonders aussagefähig. Angegeben wird grundsätzlich die Länge des Vogels vom Schnabel bis zur Schwanzspitze. Ein kleiner, schlanker und zierlicher Vogel mit verlängerter Schwanzfeder ist dann vermeintlich groß. Ein größerer, rundlicher Vogel mit kurzem Schwanz gilt dann eher als klein.

Ich unterscheide die Prachtfinken zusätzlich nach optischem Eindruck in: winzig, klein, mittel und groß.

Für die Gemeinschaftshaltung geeignete Prachtfinken

Ziervögel, die in der Aufstellung fett gedruckt sind, werden im folgenden Kapitel näher beschrieben.

- **Binsenastrild** *(Bathilda ruficauda)* – bildschön, absolute Empfehlung
- Blasskopfnonne *(Munia pallida)* – leider nicht häufig zu finden
- **Braunbrustschilffink** *(Munia castaneothorax)* – etwas distanziert
- Dickschnabelnonne *(Munia grandis)* – seltene Rarität
- Dornastrild *(Aegintha temporalis)* – klein, sehr aktiv
- **Forbes Papageiamadine** *(Amblynura tricolor)* – tolle blaue Farbe, aber sehr scheu
- Fünffarbennonne *(Munia quinticolor)*
- Gilbnonne, Gelber Schilffink *(Munia flaviprymna)*
- Gemalte Amadine *(Emblema picta)* – schön und interessant
- **Goldbrüstchen** *(Sporaeginthus subflavus)* – winzig, Paarhaltung, anfänglich empfindlich, nach der Eingewöhnung robust
- **Gouldamadine** *(Chloebia gouldiae)* – der schönste, bunteste Prachtfink, etwas wärmebedürftig, zutraulich
- Grauastrild *(Estrilda troglodytes)* – klein, sehr aktiv
- **Japanisches Mövchen** *(Lonchura striata domestica)* – sehr friedlich, Anfängervogel
- **Malabarfasänchen** *(Euodice malabarica)* – das asiatische Silberschnäbelchen
- Maskenamadine *(Poephila personata)* – gelber Schnabel, aktiv
- Muskatfink *(Lonchura punctulata)*
- Olivastrild *(Stictospiza formosa)* – der indische „Tigerfink"
- Orangebäckchen *(Estrilda melpoda)* – klein, aktiv
- Perlhalsamadine *(Odontospiza caniceps)* – seltene Rarität
- **Schwarzkopfnonne** *(Munia malacca atricapilla)* – klein, friedlich, in satt-braunen Farbtönen
- Senegalamarant *(Lagonosticta senegala)* – trotz Rotfarbton nicht aggressiv
- **Silberschnäbelchen** *(Euodice cantans)* – günstig und liebenswert
- **Spitzschwanzamadine** *(Poephila acuticauda)* – samtig glattes Gefieder, nicht agressiv, aber dreist frech
- **Tigerfink** *(Amandava amandava)* – der einzige Prachtfink, der in ein rotes Brut-Federkleid wechselt
- **Timor-Zebrafink** *(Taeniopygia guttata guttata)* – sehr klein, toll als Schwarm, sehr empfehlenswert
- Weißbrustschilffink *(Heteromunia pectoralis)*
- Weißkopfnonne *(Munia maja)* – leider sehr selten
- **Wellenastrild** *(Estrilda astrild)* – in der Voliere etwas unauffällig
- **Zebrafink** *(Taeniopygia guttata)* – leider oft überzüchtet, Deformationen zum Beispiel am Schnabel
- Zeresamadine *(Aidemosyne modesta)* – etwas unscheinbar
- **Zwergschilffink** *(Munia castaneothorax sharpii)* – nicht häufig, sehr klein, toll als Schwarm

Andere empfehlenswerte Ziervögel für die es sich lohnt, sich näher zu informieren

- **Kanarienvogel / Kanariengirlitz** *(Serinus canaria)* – die allerbesten Sänger
- Kapuzenzeisig *(Spinus cucullatus)* – nur Paarhaltung, der Rotfarbtonlieferant für alle roten Kanarien
- **Kleiner Kubafink** *(Tiaris canora)* – nur Paarhaltung, sehr klein, neugierig, leuchtend gelbe Halskrause
- Fichtenkreuzschnabel (Laxia curvirostra) – einheimisch, großer Krummschnabel, sehr interessant
- Stieglitz, Distelfink *(Carduelis carduelis)* – unsere einheimische „Gouldamadine"

Ungeeignete, aggressive Prachtfinken

- Sonnenastrild *(Neochmia phaeton)*
- Diamandamadine *(Stagonopleura guttata)*
- Buntastrild *(Pytilia melba)*
- Roter Tropfenastrild *(Hypargos niveoguttatus)*
- Bandfink *(Amadina fasciata)*

Dieser Binsenastrild hat die ursprüngliche Zeichnung.

Binsenastrild

Die kleinen, bildschönen Prachtfinken aus Australien sind von Natur aus moosgrün mit roter Gesichtsmaske und weißen Punkten auf der ockergelblichen Brust. Inzwischen sind auch Farbvarianten in Gelblich oder Hellgrün mit orangefarbener und gelber Maske erhältlich.

Binsenastrilde bauen ihre Kugelnester nur selten in Nistkörbchen. Lieber verwenden sie frei stehende Nester in geschützten Bäumen oder Sträuchern. Da aber Sittiche alle Laubbäume bzw. deren Zweige entlauben, kommen am besten dichte Kiefern infrage. Die Kiefern sollten eine gewisse Größe haben ab etwa 100 cm Höhe. Umworben werden die Weibchen mit einer Feder oder einem Halm im Schnabel.

Die Binsen nisten ungerne in Bodennähe. Da die Nester bei lang anhaltendem Regen oder Gewitter gefährdet

Binsenastrilde suchen gern Nester in geschützten Bäumen auf.

sind, sollten die Kiefern überdacht stehen. Nestkontrollen nehmen die Binsen sehr übel.

Sie benötigen für die Aufzucht unbedingt zusätzlich tierisches Eiweiß wie Eifutter mit kleinen Maden, Gammarus, Ameiseneiern usw. Ein harmonisches Paar zieht die Jungen aber zuverlässig auch nur mit Eifutter auf. Sie benötigen natürlich zusätzlich Sämereien, gekeimte Sämereien, Vogelmiere, Vogelgrit und halbreife Gräser. Besonders beliebt sind auf einen Ast aufgespießte dicke Gurkenscheiben.

Auch frischer Mais wird gern angenommen.

Binsen sind etwas territorial, aber nur im direkten Umfeld. Lassen Sie die Vögel also nicht im Schutzhaus brüten. Dort gäbe es dann mangels Platz Stress mit anderen Prachtfinken, die sich in die Nähe des Nestes oder des Nistkörbchens wagen.

Vorkommen: Australien
Größe: klein, schlank, etwa 11 cm
Geschlechtsunterschiede: Die Männchen haben eine größere rote Gesichtsmaske als die Weibchen. Da es aber Unterarten auch mit kleinen roten Masken bei den Männchen gibt, ist die Unterscheidung nicht immer leicht. Man könnte es am Gesang erkennen – nur die Männchen trillern. Aber das tun sie nicht unbedingt, wenn man sie gerade kaufen will. Kaufen Sie die Binsen also lieber beim Liebhaber/Züchter, der kennt seine Vögel.
Haltung: robust, unempfindlich; als Paar, Gruppe oder Schwarm. Eine Volierenbepflanzung wäre empfehlenswert.
Zucht: Im überdachten Bereich sollten wenigstens einige Nadelbaumzweige sein, in denen die Binsen ihre Kugelnester bauen könnten. Bei abgeschnittenen Zweigen nimmt man am besten welche, die lange ihre Nadeln behalten, wie die Nordmanntanne.

Man erkennt gleich, woher der Braunbrustschilffink seinen Namen hat.

Braunbrustschilffink

Diese bildschön gezeichneten Prachtfinken aus Asien werden inzwischen auch als Braunbrustnonnen bezeichnet. Da sie absolut friedlich und verträglich sind, kann man die Braunbrust auch sehr gut im Schwarm halten. Beim Gesang recken sie ihren Hals und sträuben das Nacken- und Kopfgefieder. Die Töne sind aber so hoch, dass man kaum etwas hören kann außer einem leisen Kratzen am Ende des Gesangs. Die Braunbrust sind Spritzwasserfanatiker. Wenn der Wasserfall läuft (dreimal täglich für ein paar Minuten), sitzen sie jedes Mal nach wenigen Sekunden auf einem Stein mitten im Wasserfall und lassen sich dort ansprühen.

Die Braunbrustschilffinken sind immer die ersten Besucher, sobald der Wasserfall läuft.

Vorkommen: Asien, gehören zu der Gruppe der Nonnen
Größe: mittel, etwa 12 cm
Geschlechtsunterschiede: nicht sichtbar
Haltung: anspruchslos
Zucht: in der Gemeinschaftshaltung schwieriger, aber möglich
Verhalten: absolut friedlich
Ernährung: kleine Hirsesorten, halbreife Gräser, gekeimte Sämereien, Vogelmiere

Auch verschiedene Gräser gehören auf den Speiseplan des Braunbrustschilffinken.

Die prächtig gefärbte Papageiamadine ist sehr scheu.

Durch natürliches Sonnenlicht bleibt die intensive Farbe erhalten.

Forbes Papageiamadine

Die Männchen dieser Prachtfinken-Art mit dem kobaldblauen Gefieder, dem moosgrünen Rücken und dem rotem Schwanz sind wirklich prächtig gefärbt. Damit diese wunderbare Färbung auf Dauer erhalten bleibt, benötigen die Tiere natürliches Sonnenlicht. Die Weibchen sind deutlich blasser und matter.

Vorkommen: Neuguinea, Timor
Größe: mittel, etwa 12 cm
Geschlechtsunterschiede: Weibchen deutlich matteres Gefieder
Haltung: je nach Eingewöhnung etwas wärmebedürftiger
Zucht: in der Gemeinschaftshaltung schwieriger
Verhalten: friedlich, sehr scheu, sehr schneller Flug
Ernährung: kleine Hirsesorten, halbreife Gräser, gekeimte Sämereien, Vogelmiere, picken gern junges Moos von den Steinen

Goldbrüstchen

Das Goldbrüstchen ist ein unglaublich winziger, niedlicher Prachtfink aus Afrika. Es hat einen moosgrünen Rücken mit leuchtend goldgelber Brust und rotem Schwanz. Je nach Unterart kann die männliche Brust noch rötlich gefleckt sein.

Während der Brutzeit wird das Männchen territorial gegen andere artgleiche Männchen. Das dürfte in einer großen, gut bepflanzten Voliere aber kein Problem sein. Ansonsten sollten Sie nur ein Paar oder ein Männchen mit mehreren Weibchen halten.

Das Goldbrüstchen gehört zu den winzigen Prachtfinken.

Das Goldbrüstchen besetzt gern alte, fremde Nester und baut diese weiter aus. Möchten Sie ein Paar erwerben, sollten Sie diese Winzlinge nicht auf einer Börse erstehen. Sie sind stress- und transportanfällig. Am besten kaufen Sie ein blutsfremdes Paar bei einem möglichst nicht weit entfernt wohnenden Züchter. Für den Transport legen Sie dann eine fingerdicke Gurkenscheibe in die Transportkiste, damit die Kleinen nicht verdursten. Sind sie erst einmal in der Voliere und haben die ersten Tage überstanden, sind sie sehr langlebig und trotz ihrer winzigen Größe unempfindlich und robust.

Vorkommen: Afrika
Größe: winzig und schlank, etwa 8 bis 9 cm
Geschlechtsunterschiede: Weibchen ohne roten Augenstreif
Haltung: nach Eingewöhnung unempfindlich und robust
Zucht: in der Gemeinschaftshaltung etwas schwieriger
Ernährung: kleine und kleinste Hirsesorten, halbreife Gräser, gekeimte Sämereien, Vogelmiere

Gouldamadine

Die Gouldamadine ist mit Abstand der bunteste Prachtfink. Sie stammt aus dem nördlichen warmen Australien. Sie gilt immer noch als wärmebedürftig und muss eventuell im Winter in die Ersatzvoliere ins Wohnhaus. Trockene Heizungsluft unter 50% ist aber ebenso unangenehm für die Vögel wie feuchte Kälte in der Außenvoliere. Ein Luftbefeuchter wäre da angebracht.

Es gibt inzwischen viele Farbvarianten, aber auch riesige Unterschiede in der Schönheit der Farben und Zeichnungen. Daher sollte man unbedingt vergleichen.

Die Gouldamadine ist absolut friedlich und sehr zutraulich. Für einen Schwarm oder eine Partnerauswahl muss man bedenken, dass hier das Weibchen den männlichen Partner auswählt. Halten Sie also mehr Männchen als Weibchen.

Im Gegensatz zu anderen Prachtfinken ist die Gouldamadine ein reiner Höhlenbrüter.

Bei der Gouldamadine gibt es viele verschiedene Farbvarianten.

Vorkommen: nördliches Australien
Geschlechtsunterschiede: Weibchen sind matter in der Gefiederfärbung.
Größe: mittel, etwa 17 cm
Haltung: wärmebedürftig
Zucht: Koloniebrüter; Weibchen wählt den Partner aus; Höhlenbrüter, kleine Wellensittichnistkästen erforderlich.
Ernährung: kleine Hirsesorten, halbreife Gräser, gekeimte Sämereien, Vogelmiere

Japanisches Mövchen

Dieser Prachtfink ist eine jahrhundertealte Zuchtform aus China und Japan. Er kommt in der freien Natur nicht vor. Die Mövchen sind fast schon penetrant „nett" zu ihren Artgenossen. Das geht so weit, dass Jungvögel sogar von mehreren Paaren bebrütet und aufgezogen werden. Selbst in kleinen Nistkörbchen sitzen die Mövchen manchmal sogar gestapelt. Sie haben eine etwas plumpe, mittlere Größe und fallen selbst in großen Naturvolieren nur selten durch interessantes Verhalten auf. Es gibt sehr viele Farbvarianten von Weiß bis Braun.

Vorkommen: reine Zuchtform
Größe: mittel, etwas plump, 12 cm
Geschlechtsunterschiede: kaum sichtbar
Verhalten: noch friedlicher geht wohl nicht, eher langweilig
Haltung: robust, unempfindlich, Anfängervogel
Ernährung: kleine Hirsesorten, halbreife Gräser, gekeimte Sämereien, Vogelmiere

Die Japanischen Mövchen sind absolut friedlich und auch für Anfänger geeignet.

Kanarienvogel/Kanariengirlitz

Dieser Vogel gehört nicht zu den Prachtfinken, sondern zu den Girlitzen, soll hier aber trotzdem erwähnt werden. Die Farb- und Formvielfalt ist sehr groß. Die rote Farbe ist durch den südamerikanischen Kapuzenzeisig eingekreuzt worden.

Kanarienvögel sind auch für die Gemeinschaftsvoliere geeignet.

Die Männchen haben einen sehr schönen, trillernden Gesang.

Gelbe und rötliche Tiere sind besonders gut in der Voliere auch auf Entfernung zu sehen und zu beobachten. Sie haben einen sehr schönen Flug.

Vorkommen: Kanarische Inseln.
Größe: mittel bis groß, etwa 13 bis 17 cm
Geschlechtsunterschiede: nicht sichtbar, nur am Gesang zu unterscheiden
Haltung: anspruchslos, Gruppenhaltung möglich
Zucht: in der Gemeinschaftshaltung möglich; Freibrüter; Nisthilfen sind offene Nistkörbchen, Schalen, Blumentöpfe usw.
Verhalten: absolut friedlich gegenüber Artgenossen und Prachtfinken
Ernährung: Kanarienfuttermischung, kleine Hirsesorten, halbreife Gräser, gekeimte Sämereien, Vogelmiere

Kleiner Kubafink

Der Kleine Kubafink gehört nicht zu den Prachtfinken, sondern zu den Ammern. Er ist friedlich gegenüber Prachtfinken, aber nicht gegenüber artgleichen Männchen oder auch seinem Spiegelbild. Befinden sich in der Voliere spiegelnde Fenstergläser, ist der kleine Kubafink den ganzen Tag mit seinem Spiegelbild beschäftigt. Da das nicht sehr erfolgreich ist und dieses Spiegelbild trotz so vieler Drohgebärden einfach nicht verschwinden will, ist das sehr stressig für den kleinen Vogel.

Vorkommen: Kuba
Größe: winzig, rundlich, etwa 9 cm
Geschlechtsunterschiede: Weibchen haben ein deutlich matteres Gefieder.
Farbe: moosgrüner Rücken, Bauch dunkelgrau, leuchtend gelbe Halskrause
Haltung: nur paarweise
Verhalten: anfangs scheu, später zutraulich
Zucht: Kubafinken übernehmen gern fertige Nester anderer Finken, verlassen aber bei Störungen schnell und endgültig das Gelege. Die Zucht in Gemeinschaftshaltung ist schwieriger.
Ernährung: kleine Hirsesorten, halbreife Gräser, gekeimte Sämereien, Vogelmiere

Der Kleine Kubafink gehört zu den Ammern.

Malabarfasänchen

Das Malabarfasänchen stammt aus Asien und wird auch Indisches Silberschnäbelchen genannt. Es ist nahe verwandt mit den afrikanischen Silberschnäbelchen. Die Malabars sind aber etwas zierlicher als die afrikanischen Silberschnäbelchen und haben einen kleineren Kopf. Ansonsten sehen sie fast gleich aus. Eindeutig zu unterscheiden sind sie aber am weißen Bürzel (Schwanzfederansatz oben) der Malabarfasänchen. Sie sollten in einer Gemeinschaftshaltung nicht beide Arten halten, da es sonst zu Bastarden kommen kann.

Haltung, Beschreibung und Pflege: wie das afrikanische Silberschnäbelchen

Das Malabarfasänchen ist etwas zierlicher als das afrikanische Silberschnäbelchen.

Schwarzkopfnonne

Diese bildschöne, kleine Nonne aus Asien ist mit ihren verschiedenen satten Braunfarbtönen und dem schwarzem Kopf ein echter Hingucker. Sie gewinnt noch mehr, wenn sie im Schwarm gehalten werden kann. Die Schwarzkopfnonne „freundet" sich sehr schnell mit anderen Nonnen an. Vielleicht weil sie stark schwarmorientiert ist, werden andere Nonnen gleich in den Schwarm integriert.

Die Schwarzkopfnonne ist ideal für die Gruppenhaltung geeignet.

Vorkommen: große Teile Asiens
Größe: klein, etwa 10 bis 11 cm
Geschlechtsunterschiede: optisch nicht erkennbar
Farbe: Schokobraun, am Bürzel in Hellbraun übergehend, Kopf und Hals schwarz
Haltung: anspruchslos, langlebig
Verhalten: anfänglich etwas scheu, schwarmorientiert
Zucht: wenn sich das Paar selbst im Schwarm finden kann, nicht schwierig
Ernährung: kleine Hirsesorten, halbreife Gräser, gekeimte Sämereien, Vogelmiere

Silberschnäbelchen

Silberschnäbelchen sind absolut liebenswerte, friedliche, kleine, schlanke Prachtfinken aus Afrika. Die Haltung ist auch in größeren Schwärmen möglich. Sie sitzen gern als Gruppe und eng aneinander gekuschelt auf einem Ast. Die Zucht ist auch in einer Gemeinschaftshaltung sehr leicht.

Die Silberschnäbelchen sind absolut gesellig.

Vorkommen: Afrika
Farbe: Sandfarben mit hellem Bauch, Mutationen in Schokobraun und Weiß
Größe: klein, schlank, etwa 11 cm
Geschlechtsunterschiede: kaum erkennbar
Zucht: sehr leicht, benötigen Nistkörbchen
Haltung: robust, unempfindlich
Ernährung: kleine Hirsesorten, halbreife Gräser, gekeimte Sämereien, Vogelmiere

Spitzschwanzamadine

Die sehr beliebten Spitzschwanzamadinen aus Australien haben ein glattes und samtiges Gefieder. Sie können diese Prachtfinken im Schwarm halten – wenn möglich aber nur ein Männchen mit mehreren Weibchen, da sich die Männchen in der Brutphase territorial gegenüber artgleichen Männchen oder artverwandten Prachtfinken wie Maskenamadinen und Gürtelgrasfinken verhalten.

In der Brutphase können die Spitzschwanzamadinen durchaus territorial sein.

Vorkommen: Australien

Größe: mittel, rundlich, wegen verlängerter Schanzfedern bis 17 cm

Geschlechtsunterschiede: nicht leicht zu erkennen, Männchen mit größerem, schwarzem Kehlfleck

Zucht: mit harmonischem Paar leicht, in der Gemeinschaftshaltung aber schwieriger; zusätzlich Eifutter und Nistkörbchen erforderlich

Verhalten: lebhaft, zutraulich, interessantes Gruppenverhalten

Ernährung: kleine Hirsesorten, halbreife Gräser, gekeimte Sämereien, Vogelmiere

Die Spitzschwanzamadinen können auch als Schwarm gehalten werden.

Tigerfink/Tüpfelastrild

Der Tigerfink ist ein kleiner Prachtfink aus Asien. Das Männchen ist der einzige Prachtfink, der während der Brutzeit in ein rötliches Hochzeitskleid ummausert. Außerhalb der Brutzeit ist der männliche Tigerfink ähnlich unscheinbar grau-ocker gefärbt wie das Weibchen. Einige rote Federn bleiben aber im Brustbereich, sodass man die Geschlechter fast immer unterscheiden kann.

Ein Tigerfink-Pärchen mit der Färbung außerhalb der Brutzeit.

Artfremden Prachtfinken gegenüber ist der Tiergerfik friedlich. Artgenossen gegenüber ist er etwas territorial – aber nur in der näheren Umgebung. Tigerfinken sind sehr anpassungsfähig. Entflogene Tiere leben sogar inzwischen in kleinen Kolonien in Süditalien und Portugal.

Vorkommen: Asien
Größe: klein, etwa 10 cm
Farbe: Grau-Ocker, weiß getüpfelt, in der Brutzeit wechselt das Männchen in ein rötliches Hochzeitskleid.
Haltung: robust und unempfindlich, Artgenossen gegenüber etwas territorial
Zucht: In der Gemeinschaft ist die Zucht wegen seiner Territorialität etwas schwieriger. Genügend versteckte Nistkörbchen sollte man anbieten.
Ernährung: kleine Hirsesorten, halbreife Gräser, gekeimte Sämereien, Vogelmiere

Ein Tigerfink-Männchen im Hochzeitskleid.

Timor-Zebrafink

Diese Unterart des Zebrafinken kommt nur auf der Insel Timor und den Nachbarinseln im Norden Australiens vor. Sie erkennen ihn an der Größe und an den fehlenden Streifen auf der Kehle. Bis jetzt sind keine Farbvarianten aufgetreten. Da der Timor-Zebrafink deutlich seltener gehalten wird, ist er längst nicht so überzüchtet wie der australische Zebrafink.

Er ist absolut empfehlenswert!

Der Timor-Zebrafink ist für die Gemeinschaftshaltung sehr zu empfehlen.

Timor-Zebrafinken schreiten gern zur Brut.

Vorkommen: Timor und Nachbarinseln
Größe: winzig bis klein, etwa 9 cm
Zucht: leicht; Nistkörbchen und Eifutter sollten angeboten werden.
Farbe: naturfarben Grau wie Zebrafink
Verhalten: lebendig, friedlich, interessantes Paar-, Gruppen-, und Schwarmverhalten
Haltung: robust und unempfindlich
Geschlechtsunterschiede: Männchen mit orangen Wangen
Ernährung: kleine Hirsesorten, halbreife Gräser, gekeimte Sämereien, Vogelmiere

Wellenastrild

Dieser kleine, zierliche Prachtfink kommt fast in ganz Afrika vor. In der Voliere ist er mit seinen Grautönen, recht unauffällig und unscheinbar. Bei näherer Betrachtung ist er aber sehr hübsch mit dem rötlichen Bauch und der feinen Wellenzeichnung, der er seinen Namen verdankt. Der Flug sieht etwas unbeholfen aus und in den Bewegungen wirkt er oft etwas nervös. Mit seinen roten Augenstreifen erinnert der Kleine von vorne betrachtet an „Zorro".

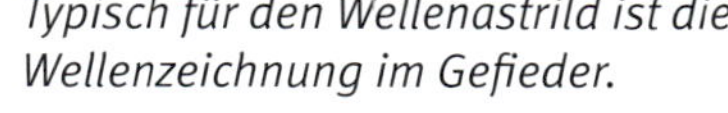

Typisch für den Wellenastrild ist die Wellenzeichnung im Gefieder.

Vorkommen: fast ganz Afrika
Größe: sehr klein, aber wegen des längeren Schwanzes bis 12 cm
Zucht: nicht leicht, aber im Schwarm und großer Finkenvoliere möglich
Farbe: Grau mit Wellenzeichnung, roter Schnabel und rote Augenstreifen
Verhalten: sehr friedlich und aktiv; unternehmen alles gemeinsam
Haltung: einfach; robust und sehr langlebig
Geschlechtsunterschiede: nicht erkennbar
Ernährung: kleine Hirsesorten, halbreife Gräser, gekeimte Sämereien, Vogelmiere

Zebrafink

Der Zebrafink ist wohl der bei uns beliebteste, bekannteste und häufigste Prachtfink. Er kommt in ganz Australien vor, sowohl in Wüstengebieten als auch in den städtischen Gärten. Zebrafinken sind im Laufe der Jahrzehnte aufgrund der Zucht deutlich größer geworden.

Leider sind die Zebrafinken inzwischen total überzüchtet. Es ist schwierig, einigermaßen „reine“ Vögel zu bekommen. Achten Sie beim Kauf auf Schnabeldeformationen!

Die Tiere sind einigermaßen verträglich und man kann sie in kleinen Gruppen oder auch in großen Schwärmen halten.

Größe: mittel, etwa 12 cm
Farbe: Naturfarben und viele Farbschläge
Ernährung: kleine Hirsesorten, halbreife Gräser, gekeimte Sämereien, Vogelmiere

Zwergschilffink

Diese Art ist mit dem Braunbrustschilffink nahe verwandt, aber mit 9 bis 10 cm winzig klein. Er sieht dem Braunbrustschilffink sehr ähnlich, hat aber einen silbrigen Scheitel und Nacken.

Vorkommen: Asien, gehört zu der Gruppe der Nonnen
Haltung und Pflege: wie Braunbrustschilffink

Weitere Nonnen

Es gibt noch weitere für die Voliere geeignete Nonnen wie Weißkopfnonne, Gelber Schilffink (Gilbnonne), Blasskopfnonne, Dickschnabelnonne und viele mehr. Manche sind leider noch teure Raritäten. Allesamt sind sie aber absolut friedlich und empfehlenswert. In einer naturnahen Gartenvoliere mit Pflanzen, Wasserfall, Bachlauf, Steinen und in kleiner Gruppe blühen die oft als sehr ruhig beschriebenen Vögel erst richtig auf.

Vergesellschaftung

Friedliche Sittiche bedeutet leider nicht, dass man die Vögel in einer Voliere beliebig kombinieren kann. Gilt es doch, den einzelnen Ansprüchen der Ernährung, der Einrichtung, der Ruhebedürftigkeit, aber auch einer geringen Stressbelastung und des veränderten Verhaltens während der Brutphase gerecht zu werden.

In freier Natur können Vögel sich aus dem Weg gehen oder auch ungebetene Konkurrenten aus dem Revier vertreiben. Aber selbst in großen Volieren ist das absolut nicht möglich. Hier müssen sich die Vögel vertragen, ergänzen oder arrangieren.

Eine zukünftige Sittichgemeinschaft sollte man sorgfältig planen. Und hat man dann erst einen einigermaßen harmonischen Bestand aufgebaut, können ständige Experimente mit neuen Sittichen die Harmonie deutlich stören. Sittiche brauchen einige Wochen, um sich aneinander zu gewöhnen.

Es muss wohl überlegt sein, welche Arten miteinander vergesellschaftet werden.

Ein neuer, fremder Sittich verursacht meist etwas Stress und Panik in der Voliere, auch bei den Prachtfinken. Interessanterweise bringen dagegen frisch ausfliegende Jungvögel kaum Unruhe in die Volierengemeinschaft.

Neuanschaffungen von ruhigen Sittichen, wie Bourkesittich, Schmucksittich und auch Katharinasittich, machen natürlich wesentlich weniger Stress als die munteren Ziegensittiche oder Wellensittiche. Ist die Voliere groß genug, macht eine sich öfter ändernde oder wachsende Prachtfinkengemeinschaft dagegen keine Probleme, sofern Sie die wenigen aggressiven Arten meiden.

Aber wer kann mit wem in einer Gemeinschaftsvoliere? Und halte ich dann ein oder mehrere Paare einer Sittichart? Welche Prachtfinken und wie viele kann ich dazu setzen?

Je größer die Aktivitäten in der Voliere sind (von den genannten Sittichen wären das: Ziegensittich, Springsittich und Wellensittich), desto größer sollte der dazu vergesellschaftete Prachtfinkenschwarm jeweils einer Art sein. Die kleinen Finken können in einer Gruppe von etwa sechs bis zehn Vögeln mehr Schutz suchen und finden, auch wenn sie von den Sittichen gar nicht beachtet werden.

Allein die Größe und das zum Beispiel bei Ziegensittichen etwas ungestüme Verhalten wirkt anfänglich auf die Prachtfinken ziemlich einschüchternd. Nach einiger Zeit gibt sich das aber völlig. Sie lernen sehr schnell, dass die großen Mitbewohner überhaupt keine Gefahr darstellen.

Es ist schon toll mitanzusehen, wie auf einer Futterschale 20 Sittiche und Prachtfinken über- und untereinander klettern und gemeinsam fressen – ohne Futterneid, ohne Stress, dicht gedrängt – immer wieder eine echte Show.

Völlig eindeutige Empfehlungen kann man für Bourkesittiche, Schmucksittiche, Feinsittiche und Japanische Mövchen abgeben. Diese Arten sind ausnahmslos absolut friedlich.

Anders ist das bei den individuellen, charakterstarken Ziegen- und Springsittichen. „Nehmen" Sie zehn Ziegensittiche, vielleicht auch mit unterschiedlicher Vorgeschichte, könnte man fast meinen, es handele sich um zehn verschiedene Arten. Diese unterschiedlichen Verhaltensmuster fallen aber eher in einer großen Gemeinschafts-Gartenvoliere auf. In einer kleinen Zimmervoliere würden Sie davon weniger bemerken.

Das Treffen an der Futterschale ist immer wieder ein Erlebnis.

Neuanschaffung

Alle Neuanschaffungen sollten zuerst in möglichst kleiner Besetzung einen Monat in Quarantäne gehalten werden, um zu überprüfen, ob versteckte Krankheiten ausbrechen. Die Quarantäne-Behausung muss aber großräumig, angenehm und ruhig und die Ernährung sollte ausgewogen und gesund sein, damit Krankheiten nicht durch die Quarantäne ausgelöst werden!

Einiges an Bakterien, Viren und Würmern tragen die Vögel immer mit sich. Solange die Umweltbedingungen wie Temperaturen, Luftfeuchtigkeit, Ernährung und möglichst wenig Stressbelastung stimmen, kann das alles in einem harmonischen Gleichgewicht bleiben.

Veränderungen können aber eine Krankheit auslösen oder ausbrechen lassen! Das wiederum spricht dafür, einen gesund wirkenden Vogel eventuell doch gleich in die große Voliere und den Bestand zu integrieren.

Bei Zuchtanlagen mit mehreren Abteilen stellt sich diese Frage natürlich nicht. Neuanschaffungen können dann mit gewissem Abstand in eigenen Abteilen verbleiben.

Eingewöhnung

Kaufen Sie Vögel am besten erst, wenn die Nächte nicht mehr frostig, sondern eher angenehm warm sind. Stellen Sie die Neuen morgens in einem kleinen Käfig in den Volieren-Außenbereich. Damit bei den Neuzugängen durch neugierige Sittiche kein

Die Eingewöhnung erfolgt am besten an einem schönen Tag in der warmen Jahreszeit.

unnötiger Stress entsteht, sollten Sie den Käfig oben mit einem alten Handtuch abdecken. Die Alteingesessenen und die Neuen können sich so erst einmal ein paar Stunden „beschnuppern". Mittags lassen Sie die Neuen dann heraus. So haben die Vögel noch genug Zeit, sich bei hellem Tageslicht zurechtzufinden. Idealerweise sollten Sie das bei warmem Wetter veranstalten, da die neuen Sittiche oder Prachtfinken meist nicht am selben Tag den Weg ins Schutzhaus finden. Den Käfig lassen Sie offen mit Futter und Wasser im überdachten Bereich stehen. So könnten die Vögel den Käfig als Rückzugsort nutzen. Finden die Neuen schnell den Zugang zum Futter und Wasser in der Voliere, kann der Käfig auch entfernt werden.

Empfehlenswerte Gemeinschaftshaltungen

Ziegensittich- oder Springsittich-Gruppe

In diesem Fall sollten Sie nicht beide Arten, also Ziegen- und Springsittich, in einer Gruppe halten, da es ansonsten zu fruchtbaren Mischlingen kommen kann.

Genetisch und gesundheitlich ist das zwar völlig in Ordnung, aber diese Mischlinge werden Sie später nicht mehr los. Einerseits ist das Interesse an Sittichmischlingen (verständlicherweise) sehr gering, andererseits werden Mutationszuchten in den wildesten Farben und den damit verbundenen Inzuchten, um neue Farben zu stabilisieren, dagegen meist gewünscht und akzeptiert.

Sittichkäufer sind zu 99% auf der Suche nach einer bestimmten Rasse, so weit, so gut – aber müssen das dann unbedingt quietschbunte, überzüchtete, anfällige und degenerierte Farbmutanten sein?

Eine Laufsittich-Gruppe liefert Aktion und Spaßfaktor pur. Pro 10 qm können Sie ein bis zwei Paare halten. Mindestens sollten es aber drei Paare sein. Bei nur einem direkten Konkurrenten – und das müssen nicht nur die Männchen sein – könnte der andere gemoppt und gejagt werden. Bei mehreren Paaren erschöpft sich das Jagen meist sehr schnell. Da die Vögel recht wild werden können, brauchen sie eine Freifläche, wo sie ihre Runden fliegen und sich austoben können. Zwingend notwendig sind wenigstens 1 bis 2 qm Waldboden mit Moos, Wurzeln, Rinde und Laubschichten zum Scharren. Hin und wieder geben Sie eine Handvoll Fliegenmaden unters Laub, damit sich bei der natürlichen Futtersuche auch Erfolgserlebnisse einstellen. Badebecken und Klettermöglichkeiten dürfen auf keinen Fall fehlen.

Vergesellschaften können Sie diese lebhaften Vögel mit ein bis zwei Schwärmen robuster Prachtfinken wie zum Beispiel Zebrafinken, Timor-Zebrafinken, Silberschnäbelchen, Spitzschwanzamadinen oder Japanische Mövchen.

Wellensittichschwarm

Der Wellensittich ist ein echter Schwarmvogel. Sie können die Gruppe beliebig groß wählen. Damit jegliche Verpaarung blutsfremd wäre, kaufen Sie alle Weibchen bei einem Züchter und alle Männchen bei einem anderen Züchter.

Sorgen Sie für genügend Spielmöglichkeiten. Ob das dann Zweige an Seilen als Schaukel oder Ähnliches sind oder buntes, gekauftes Kletterspielzeug, bleibt Ihrem Geschmack überlassen. Den Wellis ist es völlig egal.

Die Rasselbande ist extrem verspielt und hat nur Blödsinn im Kopf – zumindest wenn Sie die natürlicheren, kleinen Hansi-Bubi-Wellensittiche halten. Die großen Standard-Wellensittiche sind wesentlich anfälliger und viel träger.

Vergesellschaften können Sie Wellensittiche mit ein bis zwei Schwärmen robuster Prachtfinken wie zum Beispiel Zebrafinken, Timor-Zebrafinken, Silberschnäbelchen, Spitzschwanzamadinen oder Japanische Mövchen.

Katharinasittich-Gruppe

Auch Katharinasittiche können Sie beliebig zusammenstellen. Versuchen Sie aber, eine gleiche Anzahl Weibchen und Männchen zu bekommen, da die Katharinasittiche sehr paarorientiert sind.

Unterschätzen Sie nicht die Geräuschbelastung. Akustisch kann man diese Schreie entweder ausblenden und kaum noch wahrnehmen oder sich besonders darauf fokussieren und jeden Schrei des Vogels als extreme Belästigung empfinden. Beides ist möglich – deswegen sind Diskussionen und Streit über Lärmbelästigung völlig überflüssig.

Stelldichein beim Wasserfall!

Vergesellschaften können Sie die Katharinasittiche mit einem oder mehreren Paaren Bourkesittiche und wenn Sie möchten noch einem Paar Schmucksittiche. Diese Sittichgruppe ist komplett morgens unterwegs. Alle drehen am Morgen erst einmal einige Runden, dann wird gefressen. Tagsüber bleibt es dann ruhiger und die meisten Katharinas verschwinden zum Dösen wieder ins Haus. Die Bourkesittiche ruhen meist draußen. Das sind angeborene Verhaltensmuster. Da es tagsüber im Ursprungsland recht heiß ist, wird morgens und abends gefressen. In der Zwischenzeit hängt man träge in der Gegend herum. Als Letzte sind dann abends die Bourkesittiche unterwegs. In manchen schönen, warmen und hellen Nächten sogar nachts.

Zur Vergesellschaftung eignen sich alle friedlichen Prachtfinken – auch mehrere Einzelpaare – und sogar scheue Prachtfinken wie die Forbes Papageiamadinen.

Laufsittich-Grassittich-Gruppe

Möchten Sie die tagaktiven Laufsittiche mit den ruhigen Grassittichen kombinieren, sollten Sie die Ziegen- oder Springsittiche auf ein Paar beschränken.

Auch tagaktive Sittiche wie Ziegen- und Springsittiche machen und brauchen öfter Pausen, in denen sie sich zurückziehen. Diese Pausen sind aber meist von kurzer Dauer.

Zwei Paare Laufsittiche würden sich in der Brutphase nicht vertragen und mehrere Paare wären für die Grassittiche zu stressig.

Sie können mit ein oder mehreren Paaren Bourkesittiche und einem Paar Schmucksittiche vergesellschaftet werden. Bei den Prachtfinken eignen sich alle friedlichen Arten, auch mehrere Einzelpaare, Gruppen oder Schwärme.

Aymarasittich-Gruppe

Aymarasittiche können wochenlang nett und friedlich sein und plötzlich drehen sie durch und jagen und streiten. Schwache und schlecht fliegende Sittiche wie Katharinasittiche könnten darunter leiden. Am besten halten Sie daher die Aymara nur als Paar oder als Gruppe ohne andere fremde Sittiche.

Ansonsten sind die Aymarasittiche absolut sehenswert: tolles Paarverhalten und Schmusereien wie Katharinasittiche, tolle Flieger wie Wellensittiche, tolle Kletterkünstler wie Ziegensittiche und fast so leise wie Grassittiche.

Die Aymara sind sehr fruchtbar. Fangen Sie mit einer kleinen Gruppe an, vielleicht ein Paar plus ein bis zwei zusätzlichen Weibchen. Dann können sich die männlichen Nachkommen mit den blutsfremden Weichen verpaaren und der Schwarm kann gesund in der Voliere wachsen.

Wenn die aktiven Sittich-Arten dabei sind, ist immer viel los.

Vergesellschaften können Sie die Aymarasittiche mit ein bis zwei Schwärmen robuster Prachtfinken wie Zebrafinken, Timor-Zebrafinken, Silberschnäbelchen, Spitzschwanzamadinen oder Japanische Mövchen.

Aktions-Voliere

Mögen Sie es gern wild mit viel „Action" in der Voliere?

Dann vergesellschaften Sie drei Paare kleine Springsittiche oder Ziegensittiche mit mehreren Paaren Hansi-Bubi-Wellensittichen. In diesem Fall würde ich die Prachtfinken eher weglassen.

Ruhige Voliere

Mögen Sie es gern absolut leise und ruhig? Dann halten Sie mehrere Paare Bourkesittiche und eventuell ein paar Schmucksittiche oder Feinsittiche. Je nach Gestaltung der Innen- und Außenanlage können Sie auch die etwas empfindlicheren Grassittiche wie Schönsittich und Glanzsittich dazunehmen.

Damit es nicht zu langweilig wird, könnte man beliebig viele friedliche Prachtfinken dazugesellen. Als einzige von den zuvor beschriebenen Arten sollten Sie die Spitzschwanzamadinen eventuell weglassen, da diese recht frech werden können – nicht aggressiv, aber dreist. Das kann die völlig passiv-friedlichen Bourkesittiche etwas irritieren.

Prachtfinken-Voliere

Wenn Sie kein Fan von Prachtfinken sind, kann man natürlich bei allen bisher genannten Empfehlungen auch die kleinen Finken weglassen.

Oder anders herum: Könnten Sie auf die Sittiche verzichten, bauen Sie doch eine Voliere mit teils dichter und bunter Bepflanzung, dazu noch eine freie Sandlichtung und halten nur eine größere Gemeinschaft von Prachtfinken. Ob das dann viele Einzelpaare, kleine Gruppen oder größere Schwärme einer Art sind, ist Geschmacksache.

So eine reine Prachtfinken-Voliere hat ihren ganz besonderen Reiz, da man hier ein dichtes Biotop pflanzen kann, ohne dass es Sittiche auf Dauer zerknabbern. Natürlich muss über und zwischen den Pflanzen genügend freie Flugfläche bleiben, damit die Tiere auch wirklich maximale Strecken fliegen können.

Prachtfinken mögen eine abwechslungsreiche Bepflanzung (a), brauchen aber auch genügend Platz zum Fliegen (b).

Ernährung

In freier Natur fressen Sittiche und Prachtfinken nur in Dürrezeiten ausschließlich harte, trockene Sämereien. Vielmehr ernähren sie sich neben den üblichen Sämereien stets von halbreifen, frischen Sämereien, etwas tierischem Eiweiß, Früchten und Beeren und trinken weiches Quell- oder Regenwasser.

Abwechslungsreiches Futter und Trinkgelegenheiten werden in der Voliere an verschiedenen Stellen angeboten.

Trinkwasser

Trinkgefäße im Schutzhaus sollten im Winter unter der Decke hängen. Dort staubt es weniger und im Winter ist das Trinkwasser dort wärmer.

Ein etwa 12 mm dickes Hanfseil, nur wenige Zentimeter vom Trinknapf entfernt, erleichtert es den Vögeln, frühmorgens oder abends bei Schummerlicht den Trinknapf bequem zu erreichen.

Trinkgefäße sollten Sie mehrere vorrätig haben, die Sie täglich neu befüllen und wöchentlich gegen frisch gereinigte austauschen.

Regenwasser können Sie nutzen, wenn Sie im Besitz einer Regenwasseranlage mit mehreren tausend Litern sind. Ist der Tank im Erdreich eingelassen, kalt und dunkel, wird das Wasser nicht verkeimen und ist wegen des sehr geringen Härtegrades ideales Trink- und Badewasser. Vorsichtshalber gebe ich beim Trinkwasser (täglich frisch) 4 Tropfen „Antikeim plus" in 1,5 Liter Wasser.

Nutzen Sie **Leitungswasser**, sollten Sie das Wasser einige Stunden abstehen lassen, damit zum Beispiel Chlorgase langsam entweichen können. Wechseln Sie jeden Morgen bei den Vögeln das Wasser, kann man abends schon 1 bis 2 Liter Wasser beiseite stellen, damit es am nächsten Morgen brauchbar ist.

TEE UND SÄFTE

Bieten Sie doch hin und wieder mal einen kalten Thymian-Tee, Fenchel-Tee, Kamillen-Tee, Weidenrinden-Tee oder Schwarzen Tee – natürlich ungezuckert – an. Dem Trinkwasser kann man auch mal etwas Obstsaft, Gemüsesaft, Multivitaminsaft oder Honig beimischen.

Das richtige Futter

Trockene Sämereien

Sittiche und Prachtfinken brauchen ein Grundfutter aus Sittich- und Exoten-Sämereien. Pflegen Sie sehr kleine Prachtfinken, wie Goldbrüstchen und Tigerfinken, sollten Sie bei einem Versender noch kleinste Sämereien bestellen. Diese Sämereien muss man separat anbieten, da sie beigemischt völlig untergehen.

Futtermischungen mit Erdnüssen sollten Sie meiden, da Erdnüsse oft mit Pilzen belastet sind. Auch Haferflocken sind ungeeignet. Sie verderben auf dem Volierenboden schneller als Körner.

Papageienfutter enthält für kleine Sittiche nicht verwertbare Bestandteile wie getrockneten Mais und Ähnliches. Ein solches Futter ist entsprechend nur für große Papageien geeignet.

Sittich- und Prachtfinken-Futter können Sie mit etwas Waldvogel-Futter und Wildsämereien anreichern. Da die Vögel in einer Gartenvoliere deutlich mehr Energie verbrauchen als in einem Käfig, darf das Futter auch etwas gehaltvoller sein. Verfetten werden sie dort wohl kaum.

Verschiedene Sorten von Sämereien bekommen Sie beim Versender. Bieten Sie die Sämereien am besten in getrennten Schälchen an, dann können Sie schauen, wie die einzelnen Sorten ankommen. So kann man nach der Testphase fertige Futtermischungen mit anderen Sämereien anreichern.

Kolbenhirse sollten Sie nur hin und wieder anbieten. Sie scheint so lecker zu sein, dass die Vögel alles andere dafür liegen lassen.

TIPP

Die wöchentlich abgeharkten Futterreste, Sand und Kot könnten Sie auch in einem Kompost entsorgen. Die darin dann sehr gut keimenden Pflanzen können Sie wiederum entnehmen und in die Voliere oder Kübel pflanzen.

Frische Sämereien

Vom späten Frühjahr bis zum Herbst sollten Sie jede Woche beim Spazierengehen einen dicken Strauß Gräser mit Sämereien mitbringen und als Waage an einem dünnen Seil aufhängen. Daran können die Vögel eine Woche fressen und knabbern. Halbreife Sämereien sind sehr gesund und leicht verdaulich. Gleichzeitig ist das eine sehr abwechslungsreiche körperliche und auch geistige Beschäftigung für die Vögel!

Mit einem Strauß frischer Gräser sind die Vögel beschäftigt und erhalten Abwechslung auf dem Speiseplan.

Keimfutter

Gekeimte Sämereien können Sie leicht selbst herstellen: Kaufen Sie mehrere Haushaltssiebe mit etwa 15 cm Durchmesser (mehrere, damit die gebrauchten und ausgewaschenen Siebe jeweils einige Tage austrocknen können) sowie einige durchsichtige Plastikschalen. Diese müssen unbedingt etwas größer sein als die Siebe, damit die Luft gut zirkulieren kann und Schimmelpilze möglichst keine Chance bekommen.

Füllen Sie ein Sieb zu Dreiviertel mit Körnern, spülen die Körner gründlich durch, füllen die Schale mit dem eingehängtem Sieb mit Wasser, geben noch 4 Tropfen „Antikeim plus“ hinzu und lassen das Ganze einen halben bis maximal einen Tag einweichen. Danach werden die Körner gründlich durchgespült und das Sieb zum Keimen wieder in die Schale, aber diesmal ohne Wasser gehängt. Täglich wird einmal durchgespült. Je nach Temperatur keimen die Körner nach zwei bis drei Tagen. Das erkennen Sie leicht an den vielen hundert Wurzeln, die dann durch das Sieb wachsen, oder an den sich bildenden Keimlingen.

Keimfutter ist dann fertig, wenn die Keime 1 bis 2 mm groß sind. Vor dem Verfüttern sollte man nicht noch einmal spülen, sondern die Keime trocken verfüttern. Gekeimte Körner sind viel nährstoffreicher, bekömmlicher und gesünder als trockene Sämereien.

Natürlich kann das gekeimte Futter auch mal verderben oder verschimmeln – aber das passiert eigentlich nur, wenn man mal einen Fehler macht oder etwas vergisst. Ihre Nase ist da das beste Messinstrument.

Etwas nussig darf das Futter riechen – Schimmel riecht anders.

So lassen sich Sämereien ganz leicht zum Keimen bringen.

Obst, Gemüse und Beeren

Wenn Sie Spaß daran haben, können Sie eine Menge Obst, Gemüse und Beeren anbieten. Am begehrtesten sind bei unseren Vögeln Äpfel, Sellerie, Chicorée und Salatgurken.

Haben Sie Obst und Beeren im eigenen Garten, probieren Sie es aus – wenn es denn schon kostenlos und ungespritzt im Garten wächst.

Geeignetes Obst:

Apfel, Ananas, Aprikose, Banane, Birne, Brombeere, Erdbeere, Feige, Granatapfel, Grapefruit, Heidelbeere, Himbeere, Johannisbeere, Kirsche, Kiwi, Kokosnuss, Mandarine, Maracuja, Mirabelle, Nektarine, Mango, Melone, Orange, Pfirsich, Papaya, Passionsfrucht, Pflaume, Preiselbeere, Quitte, Stachelbeere, Sternfrucht, Weintraube.

Geeignete Wildfrüchte:

Bucheckern, Feuerdornbeeren, Hagebutten, Maronen, Schlehen, Schwarzdornbeeren, reife schwarze Holunderbeeren, Sanddornbeeren, Vogelbeeren (Eberesche), Weißdornbeeren.

Ein „Futterbaum" für Obst und Gemüse: Hierfür ein bis zwei Zweige entrinden und an den Enden anspitzen. Ein geeigneter Zweig im Asthalter tut es natürlich auch.

Bei Wildbeeren sind Vogelbeeren die erste Wahl. Am besten mit Zweig abschneiden (im Juli, August, eventuell September) und in die Voliere hängen.

Sellerie, Gurke und frischer Mais kommen bei unseren Vögeln sehr gut an.

Geeignetes Gemüse:
Artischocke, Aubergine, Blumenkohl, Brokkoli, Chicorée, Erbse, Fenchel, Gurke, Kohlrabi, Kürbis, Lauch, Maiskolben, Mangold, Möhre, Paprika, Porree, Radieschen, Rettich, Rote Bete, Salat, Sellerie, Sojabohnenkeime, Spargel, Spinat, Steckrüben, Tomate, Zitronengras, Zucchini.

ACHTUNG!

Keine Avocados verfüttern – sie sind für Vögel absolut giftig!

Küchenabfälle
Wenn Sie sich angewöhnen, Obst und Gemüse für den Eigenbedarf mit einem Putzschwamm zu waschen (was man sowieso tun sollte) und dann die „Abfälle" den Vögeln bringen, ist das neben einer Grundversorgung mit Äpfeln meist mehr, als die Vogelbande fressen kann.

Möhrengries
Möhrengries ist sehr praktisch und empfehlenswert. Dabei handelt es sich um getrocknete, geraspelte Möhren. Dieser Gries ist gut verschlossen fast ewig haltbar. Möhrengries bringen Sie mit etwas Wasser wieder zum Quellen. Er ist u.a. im Versandhandel erhältlich.

Grünfutter

Das wichtigste Grünfutter ist die **Vogelmiere**. Auf keinen Fall darf man Vogelmiere an fremden Grundstücksgrenzen pflücken, denn die könnten mit Unkrautvernichter gespritzt sein und das wäre tödlich für die Vögel.

Nehmen Sie beim Spazierengehen doch eine Tüte mit. An feuchteren Stellen im Halbschatten werden sie schnell fündig. Pflücken Sie nur trockene Vogelmiere, die hält sich ein paar Tage. Nasse Vogelmiere verwelkt sehr schnell. Ideal ist es, wenn man sie im eigenen Garten aussäen kann.

Am besten baut man Vogelmiere im eigenen Garten an.

Ausprobieren könnten Sie außerdem alle Arten, die zuvor im Kapitel „Pflanzen" beschrieben wurden. Grünfutter können Sie, immer frisch, in **Grünfutter-Eimern** anbieten. Ideal eignen sich dafür 5-Liter-Zinkeimer mit Henkel. Mit Hammer und Nagel schlagen Sie ein paar Löcher in die Böden, damit keine Staunässe entsteht. Ein 1:1 Mutterboden-Sand-Gemisch macht den Boden durchlässiger und sorgt für eine besonders gute Durchwurzelung. Sie können aber auch gleich keimfreie Anzuchterde kaufen, da Ihre Vögel ja auch gern mal von der Erde naschen.

Sie können nun die Eimer bepflanzen oder direkt darin aussäen. Hierfür eignen sich besonders Vogelmiere, Moos und Rasen.

Wenn genügend Eimer da sind und Sie die Pflanzen nicht ganz abfressen lassen, können Sie regelmäßig die Eimer austauschen, die Pflanzen nachwachsen lassen – und haben ständig frisches Grün für die Vögel.

Tierische Nahrung

Hin und wieder benötigen auch Körnerfresser tierisches Eiweiß. Besonders aber während der Aufzucht der Jungvögel, die sich unheimlich schnell entwickeln, sind Energiebomben in Form von Insekten und Maden nötig.

Insekten fangen Sie am einfachsten frisch mit Ihrem Vogelkescher auf einer etwas höher gewachsenen Wiese, indem Sie schwungvoll den Kescher durch das Gras schwenken.

Sehr gutes, tierisches Eiweiß enthalten auch **Ameisenpuppen**. Suchen Sie auf dem Rasen nach kleinen Ameisenhaufen und stellen Sie einen geschlossenen Blumentopf darüber. Die Ameisen werden das Nest meist in den Topf verlegen, sodass Sie einige Tage später die Ameisenpuppen ernten können. Mit einem Sieb und dem Gartenschlauch können Sie die Eier von den Ameisen trennen und gleich frisch verfüttern.

In der Teichfutterabteilung im Fachhandel können Sie große Dosen getrocknete Süßwasserkrebse (Gammarus) bekommen. Die mischen Sie am besten dem feuchten Eifutter unter.

Trockenes Eifutter (10 Teelöffel) mischen Sie mit 2 bis 3 Teelöffeln feuchtem Möhrengries und 1 bis 2 Teelöffeln Gammarus.

Nahrungsergänzung

Lehm

Lehm eignet sich perfekt und in vielfältiger Weise für die Vogelhaltung. Lehm bindet Giftstoffe – auch im Vogelkörper als Nahrungsergänzung. Nicht ohne Grund fressen in freier Natur Tiere – unter anderem auch Sittiche – nach dem Verzehr von unreifen, sehr nährstoffreichen, aber giftigen Früchten Lehm, um die Giftstoffe zu neutralisieren.

Diese Lehmwände oder Lehmplätze, an denen sich täglich Hunderte von Papageien zum Lehmfressen einfinden, nennt man **Lehmlecken**.

TIPP

An Lehm dürfen Vögel so viel und so lange knabbern, wie sie wollen. Das ist gesund und gleichzeitig werden Krallen und Schnabel auf natürliche Weise abgenutzt.

Futter-Lehmkugeln

Ihre Vögel werden es lieben!

Mischen Sie 60 % Körner mit 40 % Lehm und Wasser und formen daraus faustgroße Kugeln. Sie sollten keinen Kalk beimischen, da dann die Kugeln steinhart und von den Vögeln gemieden werden.

3 mm dünnes, geflochtenes Hanfseil, das Sie am Ende mit mehreren Knoten versehen, drücken Sie nun in die Kugel. Der Knoten muss ganz unten in der Kugel eingearbeitet werden. Bearbeiten Sie einige Sekunden die Kugel so, als würden Sie Frikadellen formen, und legen sie dann zum Trocknen weg. Am besten lassen Sie die Lehmfutterkugeln möglichst lange in der prallen Sonne trocknen, auch wenn sie äußerlich schon hart und trocken erscheinen. Spielt das Wetter nicht mit, können Sie die Lehmkugeln aber auch im Backofen bei 50 °C trocknen. Wichtig ist, dass die Kugeln schnell ganz austrocknen, damit sich kein Schimmel bilden kann.

Sobald die Kugeln hart und trocken sind, werden sie luftig gelagert. Bewahren Sie die Lehmkugeln nicht in Plastiktüten oder Eimern, sondern immer offen auf, sonst könnte sich wegen der Restfeuchtigkeit an den Körnern wieder Schimmel bilden.

Hängen Sie eine Kugel in den Trockenbereich der Voliere auf. Die Vögel müssen sich nun die Körner erarbeiten – und das tun Sie mit Begeisterung.

So sieht eine fertige Lehmkugel aus.

Grit und Taubenkuchen

Ständig im Angebot sollte **Gritstein** zum Abknabbern sein. Damit können die Vögel ihren Kalk- und Mineralienhaushalt ausgleichen.

Ein **Taubenstein** oder **Taubenkuchen** (Mineralstein) ist absolut heiß begehrt. Den durchbohren Sie ganz vorsichtig und hängen ihn auch an einem dünnen Seil auf. Damit er nicht zu schnell auseinanderbröselt, bestreiche ich ihn wöchentlich dick mit Lehmschlämme. Er muss unbedingt regensicher aufgehängt werden. Einfacher ist es allerdings, den Taubenstein in einer Schale anzubieten oder mit Lehm auf einer Mauer anzukleben.

Sie können den Taubenstein auch leicht zerbröseln (oder auch lose kaufen) und wie Lehmfutterkugeln selbst herstellen. Mit Lehm ist er stabiler.

Auch den Taubenstein kann man an ein Seil hängen.

Vogelsand und Magensteinchen

Vögel benötigen für die Verarbeitung der Sämereien im Magen Sand und kleine Steinchen, die sie ständig gezielt mit aufnehmen.

Sie können diesen Vogelsand fertig kaufen oder auch selbst herstellen. Feinen weißen Sand (Silbersand) und gewaschenen, etwas gröberen Bausand bekommen Sie im Baustoffhandel. Mit einem Unkrautgasbrenner können Sie den Sand entkeimen und dann in Portionstüten oder Dosen einlagern.

Muschelkalk oder Vogelgrit kann man untermischen, ich würde es aber separat anbieten.

Um eine gesunde Frische vorzutäuschen, wird bei gekauftem Vogelsand meist noch Anis beigemischt. Das ist aber wohl nur für die menschliche Nase vorgesehen.

Sittiche knabbern besonders gern an altem **Mörtel**. Den können Sie finden an alten Abrisshäusern. Die Steine sollten aber wegen der Ammoniakbelastung nicht aus Schweine- oder Kuhställen kommen.

UNVERTRÄGLICHE UND GIFTIGE NAHRUNG UND GETRÄNKE

Folgendes sollten Sie Ihren Vögeln nicht anbieten:
Alkohol, Avocado, laktosehaltige Milchprodukte, Nüsse, gesalzene und gewürzte Speisen, Kohlsorten (außer Blumenkohl und Brokkoli), koffeinhaltige Getränke wie Cola oder Kaffee, Kuchen, Plätzchen, Süßigkeiten.

Gesundheitsvorsorge

Damit die Vögel gesund bleiben, sollte man einige Vorkehrungen treffen.

Entwurmung

Alle Vögel in der Außenhaltung, besonders in Volieren ohne Überdachung oder mit Teilüberdachung, werden zwangsläufig von Spulwürmern befallen. Diese werden über den Kot von Wildvögeln übertragen und setzen sich an den Darmwänden unserer Vögel fest. Eine regelmäßige Gabe von wurmabtötenden Pflanzen hilft, die Wurmbelastung zu minimieren. Geeignet sind Oregano, Möhren, Beifuß, Knoblauch und Knoblauchsrauke. Zweimal im Jahr ist aber eine medizinische Wurmkur notwendig. Diese kann über das Trinkwasser verabreicht werden.

DER RICHTIGE TIERARZT

Für alle Krankheiten ist Ihr Tierarzt zuständig. Telefonieren Sie am besten etwas herum und suchen den Tierarzt in Ihrer Nähe, der sich gut mit Ziervögeln auskennt oder vielleicht sogar darauf spezialisiert hat.

Denkbar wäre auch, sich die Erfahrungen von älteren Sittichzüchtern zunutze zu machen. Die beschäftigen sich meist seit vielen Jahren auch mit der Krankheitsbehandlung ihrer Sittiche. Diese Möglichkeit ist besonders mangels eines Tierarztes, der auf Vogelerkrankungen spezialisiert ist, viel mehr als eine Notlösung.

Alternative Schädlingsbekämpfung

Mit einem **Unkrautgasbrenner** sollten Sie den Sandboden zweimal im Jahr abflämmen, einmal nach dem Winter und einmal vor dem Winter. So werden in der Oberfläche Keime und Würmer abgetötet. Die Vögel müssen allerdings für die Maßnahme aus- oder eingesperrt werden.

Mit einem **Heißluftföhn** kommen Sie an schwer zugängliche Stellen im Vogelhaus, um Keime abzutöten. Nur Stein, Lehm und (vorsichtig) Holz wird heiß geföhnt. Plastik, Kabel und kunststoffbeschichtete oder lackierte Flächen darf man nicht föhnen, da so ein Kabelbrand und giftige Gase entstehen könnten.

Schädlingsvermeidung

Im Trockenbereich einer Volierenanlage finden sich unzählige unzugängliche Ritzen, die dann von Milben, Kellerasseln und Spinnen genutzt werden könnten. Nicht alle Krabbeltierchen sind schädlich für die Vögel, aber doch für uns meist lästig – zumindest im Haus. Am besten füllen Sie alle Hohlräume einfach mit Lehm aus. Das trocknet diese Stellen aus und nimmt den Schädlingen den Raum.

Sie können einen kleinen Fugenspachtel benutzen oder den Lehm etwas weniger fest anrühren und in eine Plastiktüte einfüllen. So als würden Sie eine Torte verzieren, können Sie eine kleine Ecke abscheiden und Ritzen/Hohlräume durch Druck auf die Tüte auffüllen. Mit einem feuchten Pinsel streichen Sie den Lehm glatt. Ist der Lehm ausgehärtet und hell, können Sie im Vorraum bzw. Arbeitsraum die lehmverschmierten Hölzer aus optischen Gründen mit einem feuchten Lappen säubern.

Die ideale Lehm-Mischung wäre 50% Lehm und 50% Pudersand. So ist der Lehm recht klebrig und so fein, dass er sich leicht auch in kleine Ritzen pressen lässt.

Vollgekotete Steine und Pflanzen im nicht überdachten Außenbereich sollten wöchentlich mit einem **Volieren-Gartenschlauch** abgespritzt werden.

Die Steine im Trockenbereich können Sie mit einer schmalen Metallbürste grob abbürsten und die Steine mit **Lehmschlämme** (Lehm und Wasser, zähflüssig, kein Sand) überstreichen.

Nach wenigen Stunden der Trocknung sind die Steine wie neu. Die Vögel dürfen währenddessen ruhig auf nassem Lehm landen und brauchen nicht weggesperrt zu werden.

Sauberhalten von Futter und Gefäßen

Obst und Gemüse sollten Sie mit Schale anbieten, da sich in oder unter der Schale die meisten Nährstoffe befinden. Die Früchte sollten aber mit Spüli und einem Putzschwamm von Spritzmitteln wie Pestiziden befreit und anschließend gut abgespült werden. Eine Ausnahme sind Bananen. Diese müssen ohne Schale angeboten werden, denn Bananenschalen sind so stark belastet, dass auch Putzen nicht mehr helfen würde.

Futterschalen sollten zwei- bis dreimal pro Woche oder täglich gegen gereinigte ausgetauscht werden. Wassergefäße werden täglich gereinigt und wöchentlich gegen grundgereinigte ausgetauscht. So beugt man einer Verkeimung auch ohne Desinfektionsmittel vor. Hin und wieder sollten Sie die Futterschalen und Trinkgefäße mit in die Spülmaschine stellen. So werden die Teile „porentief“ gereinigt und die Hitze tötet die Keime zusätzlich ab.

Keime sind natürlich und fast überall, nur zu viele Keime machen krank. Feuchtigkeit plus organische Bestandteile plus Zeit ist dann der Herd für Keimvermehrung. Putzschwämme und gebrauchte Handtücher, die selten getauscht werden, sind eher kontraproduktiv. Putzschwämme fürs Waschbecken werden wöchentlich getauscht und wandern dann bei uns zweckentfremdet erst einmal in den Putzeimer. Trockentücher werden wenigstens zweimal pro Woche getauscht.

Gesundheitsfördernde Pflanzen

Ganzheitlich betrachtet bieten die meisten Pflanzen wichtige Nährstoffe für die Gesunderhaltung der Vögel. Die zu geringe Aufnahme bestimmter Bestandteile bedeuten einen Mangel, die richtige Menge ist gesundheitsfördernd und die zu hohe Aufnahme bestimmter Bestandteile kann zu einer Vergiftung führen. Wie nützlich oder schädlich manche Pflanzen sind, hängt also von der Menge ab, die man aufnimmt.

Einige Pflanzen haben sich als besonders gesundheitsfördernd erwiesen, die in keiner Gartenvoliere fehlen sollten: Lungenkraut, Gänseblümchen, Spitzwegerich, Ringelblume, Löwenzahn, Vogelmiere, Breitwegerich und Hirtentäschelkraut.

Auch Oregano ist zu empfehlen, weil es gegen Wurmbefall helfen soll. Kaufen Sie sich Oregano als Pflanze. Die frischen Triebe abschneiden, trocknen lassen, zermahlen, mit etwas Mehl mischen und trocken in einem kleinen Döschen aufbewahren. Das Pulver können Sie dann hin und wieder dem Futter zumischen. Als ganze Pflanze in der Voliere zum Abknabbern hat sich Oregano leider nicht bewährt, denn die Vögel haben die Pflanze gemieden.

Brennnesseln können sie, getrocknet und klein gehackt, dem Futter zumischen. Sie unterstützen die Nierenfunktion. Sie dürfen aber nicht frisch verabreicht werden!

Bei Bäumen finden Vögel unter der Rinde von Zweigen und in Knospen eine ganze Menge an Nährstoffen – aber nur im Frühjahr und Sommer. Im Herbst und Winter fährt der Baum den „Safttransport“ massiv herunter. Sie können dann aber Zweige schneiden und im Haus in eine Vase stellen. Die Zweige bilden dann Knospen und treiben erneut aus. So bekommen Sie frische, grüne Zweige auch in der trüben Jahreszeit.

Das Wasser in der Vase regelmäßig tauschen, damit sich dort keine Fäulnis bildet. Die Zweigenden, die im Wasser gestanden haben, werden abgeschnitten und nicht verfüttert oder angeboten.

Entgiften

Die beschriebenen Lehm-Futterkugeln sind die ideale Aufnahmequelle für **Lehm**. Lehm bindet Giftstoffe im Körper und transportiert diese auf natürlichem Wege wieder nach draußen.

Einmal monatlich oder bei Durchfall darf man Vögeln einen Teelöffel Vogelkohle anbieten. **Vogelkohle** bindet Giftstoffe. Täglich darf man Vogelkohle allerdings nicht verabreichen, da sie auch wichtige Nährstoffe bindet und unbrauchbar macht!

Krallen und Schnabel kürzen

Wenn Sie keine Vögel mit zu langen Krallen kaufen, werden Sie in einer Freivoliere mit Steinen und Pflanzen vermutlich nie Probleme mit übermäßigem **Krallen- und Schnabelwachstum** bekommen, da die natürliche Abnutzung hier um ein Vielfaches größer ist als in einem Käfig. Eine Ausnahme sind krankhafte Veränderungen.

Wird es dann doch mal nötig, Krallen und Schnabel beschneiden zu müssen, nutzen Sie nur neue, ganz scharfe, große Nagelknipser oder spezielle Nagelscheren. Sie sollten aber nur kürzen, wenn Krallen oder Schnabel den Vogel behindern.

Bei möglichst artgerechter Haltung nutzen Krallen und Schnabel auf natürliche Weise ab.

Zu lange Krallen sind ja noch leicht zu erkennen, bei Sittichschnäbeln sieht das schon anders aus. Manche Sittiche haben von Natur aus einen langen Oberschnabel, der natürlich nicht beschnitten werden darf.

Krallen lassen Sie lieber zu lang als zu kurz, sonst könnten die Krallen bluten, da Blutgefäße weit in die Kralle reichen. Bei hellen Krallen können Sie die Blutgefäße als dunklen Strich erkennen. Sollte es trotzdem mal vorkommen, dass Sie aus Versehen zu kurz schneiden und Blut austritt, benötigen Sie eine blutstillende Tinktur. Die muss dann natürlich bereitstehen und einhändig zu bedienen sein. Sie können den Vogel ja nicht mal eben abstellen.

Ist ein Schnabel mal wirklich krankhaft zu lang, knabbern Sie sich mit dem Nagelknipser langsam bis dahin vor, was weg soll – ansonsten könnte der Schnabel splittern.

Schimmel bekämpfen

Akzeptieren Sie auf keinen Fall Schimmel! Ausgasungen und Sporen des Schimmels sind nicht nur für die Vögel sehr schädlich. Bekämpfen Sie die Ursachen!

Organische Materialien in Verbindung mit Feuchtigkeit führen mit der Zeit zur Schimmelbildung.

Vorbeugende Maßnahmen sind:

- Gebäude abdichten
- Holzwände und Decken mit Lehmputz beschichten
- Sandboden trocknen durch ständiges Lüften bei gutem Wetter
- Mülleimer reinigen und Mülltüten benutzen
- Heizung einschalten
- Futter trocken in geschlossenen Kunststoffdosen lagern

Glasierte Tonschalen, wie sie meist als Futterschalen eingesetzt werden, können im Laufe der Zeit auf dem braunen Tonrand durch das Landen der Vögel Schmutzränder entstehen. Werden diese Ränder nicht hin und wieder mit einem harten Putzschwamm, heißem Wasser und Putzmittel entfernt, können diese Schmutzränder Schimmel ansetzen.

Angebrochene Säcke Körnerfutter sollten im Wohnhaus gelagert werden, um einem Pilzbefall durch Staub und zu hoher Luftfeuchtigkeit vorzubeugen.

Die benötigten 5 Liter Körnerfutter pro Woche, die in der Voliere lagern, fülle ich in einen Eimer mit Deckel.

Lichtmangel macht krank

Vögel brauchen für die Entwicklung natürliches Sonnenlicht, unter anderem auch zur Bildung von Vitamin D. Sonnenstrahlen sind durch keine Lampe der Welt zu ersetzen. Licht- bzw. Sonnenmangel führt zwangsläufig zu Mangelerscheinungen. Und bei Mangelerscheinungen sind die Krankheiten nicht weit!

Leider spielen uns unsere Augen und unser Gehirn einen Streich in Form von optischen Täuschungen!

Eine 20-Watt-Energiesparlampe (1 Meter Abstand) erscheint uns hell. Ein bewölkter Himmel erscheint uns düster. Die Wirklichkeit sieht aber völlig anders aus.

Die Lampe produziert eine Lichtleistung von etwa 300 Lux. Draußen bei bewölktem Himmel können Sie 20.000 Lux messen, bei Sonnenschein sogar 100.000 Lux!

Mit welcher Lampe möchten Sie das auch nur annähernd ersetzen?

Eine Tageslicht-Lampe produziert nur ein ähnliches Farbspektrum, aber nicht auch nur annähernd die Lux-Leistung wie Sonnenlicht.

Um sich gut entwickeln zu können, brauchen Vögel ausreichend Sonnenlicht.

Temperatur

Die ewige Diskussion um die Haltungstemperatur ist sehr einseitig. Was ist aber mit den anderen Anforderungen bezüglich Luftfeuchtigkeit, Pflanzen, Licht, Flugraum, Wind, Regen, Ernährung?

In der Gartenvoliere erreichen Sie immerhin sieben von acht Anforderungen bzw. mit im Winter leicht beheiztem Schutzhaus siebeneinhalb von acht Anforderungen. In der Wohnung kann man gerade mal zwei bis drei Anforderungen gerecht werden.

Inzwischen fühlen sich die seit vielen Jahren bei uns akklimatisierten Vögel auch im Winter draußen und im Schnee pudelwohl – sofern sie sich zwischendurch im Schutzhaus wieder aufwärmen dürfen.

Zu große **Temperaturschwankungen** im Winter können Krankheiten wie Erkältungen verursachen. Wenn die Vögel im Winter in der Außenvoliere Freiflug bekommen, sollten Sie den Aufenthaltsraum im Schutzhaus nicht zu stark beheizen. 5 bis 10 °C, je nach Außentemperatur, sind angemessen.

Zur eigenen Gesundheitsvorsorge

Wie bei allen staubigen Putzarbeiten außerhalb Ihres Wohnhauses, sei es in Schuppen, Garage, Kellerschacht oder in der Voliere, sollten Sie eine Staubmaske tragen. Einige Erreger wie Chlamydien sind auf den Menschen übertragbar. Sie können – sofern vorhanden – leicht über Staub in die Lunge geraten und dort gefährliche Lungenentzündungen hervorrufen. Kommen die Erreger von Vögeln, spricht man von einer Ornitose.

Die Infektion ist heutzutage leicht behandelbar, sofern sie früh und richtig erkannt wird. Stechende Kopfschmerzen und sehr starkes, schnell steigendes Fieber sind dann das Alarmzeichen. Informieren Sie ihren Arzt über die Vogelhaltung und Ihren Verdacht einer Ornitose. Ohne einen Anfangsverdacht würden Sie sonst wohl nicht auf eine Ornitose untersucht werden.

Ein anderer Erreger ist das sehr gefährliche Hanta-Virus, das über Mäusekot übertragen wird. Das Ausfegen von Garagen usw. sollten Sie daher auch mit einer Staubmaske erledigen, auch wenn der Nachbar mitleidig lächelt.

Nach der täglichen Putz- und Fütterungsaktion sollten Sie die Hände mit einem antibakteriellen Handgel einreiben oder mit antibakterieller Flüssigseife die Hände waschen. So vermindern Sie die Gefahr einer Übertragung von Krankheitskeimen durch Vogelkot oder Federstaub.

Brut und Aufzucht

In den Trockengebieten Australiens setzt die Brutphase mit der Regenzeit ein. Dann finden die Vögel frische Sämereien und Beeren. In der Voliere setzt die Brutphase im Frühjahr mit abwechslungsreicherer Ernährung und dem Anbieten von Nistkästen ein.

Und das bedeutet Ausnahmezustand! Selbst ansonsten völlig friedliche Vögel drehen jetzt durch und streiten sich ein paar Tage um die Nistkästen und Nistkörbchen. Bei einer geeigneten Gemeinschaftshaltung kehrt aber nach einigen Tagen auch wieder Ruhe ein.

Mit dem richtigen Nistkörbchen schreiten die Prachtfinken gern zur Brut.

Nistkästen für Sittiche

Die Nistkästen und -körbchen sollten in genügender Anzahl, im überdachten Trockenbereich und in möglichst großem Abstand zueinander aufgehängt werden – und zwar gleichzeitig für alle Sittiche bzw. für alle Prachtfinken. Zusätzlich sollten Sie die Schlupflöcher in verschiedene Richtungen zeigen lassen. Es sorgt schon für mehr Ruhe, wenn die Vögel sich nicht ständig beobachten können.

Die Nistkästen sollten mit genügend Abstand zueinander aufgehängt werden.

Hängen Sie die Nistkästen so auf, dass sie hauptsächlich im Schatten hängen. Die pralle Mittagssonne würde sonst aus Ihren Vögeln Brathähnchen machen. Etwas Morgensonne oder Abendsonne kann aber nicht schaden. Sperrholznistkästen heizen sich natürlich wesentlich schneller und stärker auf als dicke, schwere Massivholz- oder Naturstamm-Nistkästen.

Nistkästen, die aus Brettern oder Sperrholz bestehen, bergen immer die Gefahr, dass in den Ritzen zwischen den Holzplatten Schädlinge wie Milben ihr Unwesen treiben. Vor dem Neueinsatz sollten Sie die Nistkästen gründlich reinigen. Draußen auf der Terrasse gießen Sie kochendes Wasser in die Nistkästen. Nach dem Einwirken von einigen Minuten können Sie das Wasser abgießen und die Nistkästen innen mit Lehmschlämme ausstreichen. Besonders die Kanten und Ecken müssen gründlich eingestrichen werden. Mit Lehmputz können Sie auch eine Mulde auf dem Boden formen. Danach sollten die Nistkästen, in praller Sonne, völlig austrocknen.

Die Schlupflöcher sollten immer so klein wie möglich gewählt werden, damit die größeren, neugierigen Arten wie Ziegensittiche es schwer haben, andere Brutpaare zu stören. In die Sittichnistkästen geben Sie jeweils ein paar Handvoll Fichtenholz-Häcksel. Der schimmelt nicht so leicht wie Buchenhäcksel.

Ziegensittiche brüten auch gern mal in Bodennähe. Stellen Sie den Nistkasten – oder besser noch die Baumstammhöhle – aber nicht direkt auf den Boden. Durch die aufsteigende Feuchtigkeit würde am Nistkasten Schimmel ansetzen. Ideal wären Baumstammhöhlen mit angeschraubten, fingerdicken Alurohren als Ständer. Gut geeignet sind auch angeschraubte Bambusstangen mit einer Höhe von 50 bis 100 cm.

Man kann Sittich-Nistkästen zwar selbst bauen, das rechnet sich aber nicht. Am besten fragen Sie bei Sittichzüchtern nach Nistkästen. Die stellen sie oft selbst her und sind entsprechend erprobt. Tolle Baumstammnisthöhlen bekommen Sie in großer Auswahl auf Vogelbörsen.

Nistkästen aus Holz müssen vor dem Einsatz gründlich gereinigt werden.

So ist der Nistkasten für Ziegensittiche vor Feuchtigkeit und Mäusen geschützt.

Empfohlene Maße für Sittich-Nistkästen

- Sperlingspapageien: Höhe 20 cm, Boden 15 x 15 cm, Loch 5 cm
- Wellensittich: Höhe 20 cm, Boden 20 x 20 cm, Loch 5 cm
- Schwalbensittich, Aymarasittich, Katharinasittich, Zitronensittich, Grassittiche (Schmucksittich, Schönsittich, Glanzsittich, Bourkesittich): Höhe 25 cm, Boden 20 x 20 cm, Loch 5,5 cm
- Ziegensittich, Springsittich, Stanleysittich, Singsittich, Nymphensittich: Höhe 35 cm, Boden 25 x 25 cm, Loch 7 cm
- Größere Sittiche (etwa 30 bis 40 cm): Höhe 40 bis 60 cm, Boden 30 x 30 cm, Loch 8 bis 10 cm

Alle Nistkästen brauchen ein paar Kletterhölzchen an der Innenwand unterhalb des Schlupfloches.

Nistkörbchen für Prachtfinken

Nistkörbchen kann man unter anderem auch mit Lehm an Steinwände kleben. Werden die Nistkörbchen mit Lehmputz beschichtet, entstehen natürlich aussehende Höhlen, die gern von Prachtfinken bewohnt werden. Nach der Brutphase können Sie die Körbchen einfach wieder herausbrechen und auch den Lehm wiederverwenden.

Zur Reinigung werden die Körbchen mit dem Gartenschlauch abgespritzt und mit kochendem Wasser desinfiziert. Einfach geht das auch mit Dampfreinigern.

Die meisten Prachtfinken bauen kugelförmige Nester. Sie akzeptieren aber oft auch die Bastkörbchen. Manche Arten, wie der Binsenastrild, bauen lieber frei stehende Kugelnester. Mit kunststoffummanteltem, grünem Drahtzaun können Sie im überdachten Bereich auf Zweigen oder in Ecken mehrere Nistunterlagen zur Auswahl anbieten. Einige Nadelbaumzweige bringen noch etwas optischen Schutz.

Nistkontrollen nehmen die Binsen sehr übel und verlassen dann schon mal das Gelege oder die Jungvögel, eventuell sogar auf Dauer.

Die Gouldamadine gehört zu den Höhlenbrütern. Sie braucht einen Holzkasten von etwa 15 x 15 x 15 cm mit einer 4 cm großen Einflugöffnung – oder einfach einen Wellensittichnistkasten.

Für den Nestbau muss in der Voliere Nistmaterial zur Verfügung gestellt werden. Kokosfasern und Hanffasern bekommen Sie im Zoogeschäft, beim Ver-

Verschiedene Nistmöglichkeiten für die Volierenbewohner.

sender oder auch sehr günstig beim Lehmlieferanten. Trockene Gräser und Heu erhalten Sie im Kaufhaus oder im Zoofachhandel als Meerschweinchenfutter.

Zerpflücktes Moos, frisch und getrocknet, Federchen oder Wollfasern werden gern zum Auspolstern der Nester angenommen.

FARBWAHRNEHMUNG

Vögel sehen ein größeres Farbspektrum als Menschen. Sie sind im Gegensatz zu uns in der Lage, ultraviolettes Licht wahrzunehmen. Damit können sie Geschlechtsunterschiede in der Gefiederfärbung des zukünftigen Partners erkennen, die uns verborgen bleiben. Ohne natürliches Sonnenlicht, nur mit „normalen" Lampen, die dieses Farbspektrum nicht übertragen, ist dann die Partnerwahl erschwert. Lampen mit Tageslichtfarbspektrum könnten dann bei der Partnerwahl und in der Balz zwar helfen, sind aber niemals mit Sonnenlicht gleichzusetzen. Es wäre denkbar, dass manche Arten aus diesem Grund als schwer züchtbar gelten, da sie sich nicht „richtig" sehen können.

Die Brutphase

Prachtfinken und Sittiche leben meist in Gruppen oder Schwärmen und sondern sich dann zur Brutzeit paarweise ab. Einige Arten bleiben aber auch zur Brutzeit als Koloniebrüter zusammen.

Bei den Koloniebrütern, zu denen die Katharinasittiche gehören, kann es vorkommen, dass auch zwei Paare in einem Nistkasten zusammen brüten.

Durch eine vorsichtige Nistkastenkontrolle sollte man alle paar Tage schauen, ob alles in Ordnung ist.

Ein Bourkesttich-Weibchen hatte sich bei uns zu zwei Paaren Katharinasittichen auch noch dazugesellt. Da saßen dann zeitweise fünf Vögel (inklusive der Katharinasittich-Männchen) auf 16 Eiern. Das kann natürlich nicht gut gehen und spätestens dann sollte man die Paare trennen.

Die meisten Nistkästen können Sie alle paar Tage kontrollieren, und zwar so viel wie nötig, aber so wenig wie möglich!

Nistkastenkontrolle

Die Sittich-Nistkästen können Sie einmal wöchentlich vorsichtig abhängen und kontrollieren. Ziegensittiche fliegen bei den Kontrollen sofort aus.

Schmuck-, Bourke- und Wellensittiche sitzen etwas fester und verlassen den Kasten erst, wenn man mit der Hand hineingreift. Aymara bleiben sitzen und ducken sich über ihre Eier. Dabei machen sie mit dem Schnabel leise Knattergeräusche. Die Aymara müssten Sie dann vorsichtig beiseite schieben, um zu schauen, ob alles in Ordnung ist.

Frisch gelegte Eier sind anfänglich, wenn sie mit einer kleinen LED-Taschenlampe durchleuchtet werden, etwas durchsichtig. Wenn die Henne nach einigen Tagen fest brütet, sollten sich ab dann nach vier bis fünf Tagen kleine Äderchen erkennen lassen. Befruchtete Eier werden danach undurchsichtig und perlmuttfarben. Bleiben die Eier durchsichtig sind sie unbefruchtet und sollten entfernt werden.

Das erste Küken hat es schon geschafft.

Schlupf

Prachtfinken schlüpfen innerhalb von zwei bis drei Wochen, Sittiche innerhalb von drei bis vier Wochen. Es kann von Art zu Art etwas variieren. Da die Eier immer in einem Abstand von ein oder zwei Tagen gelegt werden, schlüpfen auch die Küken entsprechend nacheinander. So befinden sich dann in einem Nest Küken von unterschiedlicher Größe.

Etwa ebenso lange wie die Brutphase ist dann die Zeit, die die Jungvögel benötigen, um flügge zu werden.

Pflegeaufwand

Manche Sittiche wie Bourkesittiche verdrecken ihren Nistkasten so sehr, dass ich nach zwei Wochen die Jungvögel vorsichtig herausnehme, in einen Eimer setze und den Nistkasten reinige. Die Fichtenhäcksel tausche ich natürlich auch aus. Das Ganze sollte zügig vonstatten gehen, damit die Sittichmutter nicht noch nervöser wird.

Notwendig ist das aber nicht! Vor einer zweiten Brut sollte man jedoch unbedingt den Nistkasten reinigen und mit dem Heißluftföhn oder kochendem Wasser entkeimen.

Ernährung und Aufzucht

Für die Entwicklung der Jungvögel, vom geschlüpften nackten Zwerg bis zum vollbefiederten Jungvogel, der fast so groß ist wie die Eltern, vergehen gerade mal 14 bis 30 Tage, je nach Art.

Damit das reibungslos klappt und die Jungvögel gesund bleiben, brauchen sie viel Energie: Gekeimte Sämereien, frische halbreife Sämereien, Obst, Gemüse, Kalk und ganz wichtig tierisches Eiweiß in Form von Eifutter, Insekten, Ameiseneiern und kleinen Fliegenmaden müssen den Vögeln zur Verfügung stehen.

Fehlen diese Energiebomben, können die Kleinen eingehen oder sich so schlecht entwickeln, dass sie später anfällige, kränkelnde Vögel werden.

Ausfliegen

Fliegen die Jungvögel aus, muss man in einer Gemeinschaftsvoliere nochmal etwas aufpassen und vorher eventuell ein bisschen umdekorieren. Da die Jungen noch nicht so gewandt und flugfähig sind wie die Eltern, landen sie schon mal unsanft am Gitter oder an einer Wand. Auch ein Badebecken kann dann zur tödlichen Falle werden. Treffen Sie daher gewisse Vorbereitungen. Bringen Sie einige belaubte Zweige am Gitter an und das Badebecken können Sie für diesen Zeitraum mit Kies füllen, sodass nur noch ein paar Millimeter Wassertiefe übrig bleiben.

Futterfest

In der Regel sind Sittiche und Prachtfinken vier Wochen nach dem Ausfliegen futterfest und könnten sich selbst ernähren. Bis dahin ist eine Prachtfinken-Rasselbande recht laut (deutlich lauter als die Erzeuger) und wird emsig von den Eltern umsorgt.

Wellensittiche aber, diese kleinen unglaublichen Überlebenskünstler, sind schon etwa eine Woche nach dem Ausfliegen futterfest. So hat Mutter Natur dafür gesorgt, dass der Wellensittich als Schwarmvogel schnell überlebensfähig ist und praktisch schon als Baby mit dem weiter ziehendem Schwarm mitfliegen und für sich selbst sorgen kann. Wellensittichschwärme bleiben oft nur für eine kurze Brutphase an einem Ort.

Andere Sittiche, wie Grassittiche – namentlich Schön- und Glanzsittich – haben diese Überlebensstrategien nicht und galten in Australien schon als nahezu ausgestorben. Zum Glück haben sich die Bestände inzwischen wieder erholt. Daran hatten auch die künstlichen Viehtränken in den Dürregebieten einen gewissen Anteil. Eine der ganz wenigen Eingriffe des Menschen in die Natur, die zum Wohle der Tiere geriet.

Nesträuber

Ein echtes Problem könnten Wellensittiche in einer Gemeinschaftsvoliere werden. Sie sind so klein, dass sie in jeden Nistkasten oder auch in Prachtfinkenkörbchen gelangen. Haben Wellensittiche einen eigenen Nistkasten, sind sie meist völlig friedlich. Brutwillige Wellensittiche ohne Nistkasten erobern aber schon mal andere Nistkästen und töten fremde Jungvögel. Wellensittiche sind klein, wild, wendig, wehrhaft und penetrant hartnäckig. Es hat schon seinen Grund, warum Wellensittiche in freier Natur so erfolgreich sind!

Dauerbrüter

Es kann nach der Brutphase vorkommen, dass eine Henne einfach nicht aufhört, Eier zu legen, und zwar besonders Hennen, die mehrfach unbefruchtete Eier gelegt haben. Nach zwei Bruten sollte man natürlich keine weitere zulassen. Die Hennen verausgaben sich dabei völlig und würden auf Dauer daran eingehen. Solange Sie eine gute Ernährung wie Eifutter, Insektenfutter, gekeimte und halbreife Sämereien anbieten, würde das in der Natur bedeuten: Die Regenzeit mit guter Ernährung im Überfluss dauert an – also muss man fortwährend Nachwuchs zur Arterhaltung produzieren.

Speziell für Dauerbrüter stellen Sie daher erst einmal die Ernährung auf Dürrezeit um. Es gibt dann nur trockene Körner. Sollen die anderen Vögel unter dieser Zwangsdiät nicht „mitleiden“, müssen Sie den Dauerbrüter isolieren.

Lässt der Bruttrieb nach, können Sie nach einigen Wochen die Ernährung wieder aufbessern. Immerhin sind die Eltern durch die Brut noch geschwächt und die Jungvögel noch in der Entwicklungsphase.

Alle Nistkästen müssen natürlich entfernt werden. Denn Schlüsselreize für die Augen wie runde Öffnungen können den Bruttrieb wieder reaktivieren. Vieleicht sieht Ihr Vogel durch das Gitter einen Aktenordner mit dem runden Eingriffsloch – eine vermeintliche Bruthöhle!

Das reicht schon für ständige Eierproduktion.

Die oft angebotenen Antitriebmittel helfen meistens nicht. Man könnte den Vogel auch beim Tierarzt mit Hormonen behandeln lassen, das ist aber mit entsprechenden Kosten und Nebenwirkungen verbunden.

Bevor Sie die arme Henne verlieren, hier eine letzte Notlösung: Versuchen Sie den Vogel „runterzufahren". Drei Tage in einem Käfig bei völliger Dunkelheit und kalter Temperatur (kein Frost) am besten im Keller, natürlich versorgt mit Wasser und Körnerfutter. Mit etwas Glück ist der Bruttrieb dann eingestellt.

Zweite Brut und Ende der Brutphase

Sie können Prachtfinken und Sittiche direkt nach der Brut auch ein zweites Mal brüten lassen, danach müssen aber die Nistmöglichkeiten entfernt werden, um die Vögel zu schonen. Manche Vögel sind so vorprogrammiert, dass sie, um den Bestand zu sichern, bis zur totalen Erschöpfung Nachwuchs produzieren – zumindest solange Mutter Natur gute Nahrung zur Verfügung stellt.

Und da haben wir in einer Gemeinschaftsvoliere ein Problem: Man kann zwar gleichzeitig alle Nistkästen aufhängen, aber sie auch gleichzeitig zu entfernen ist schwierig. Sind die einen Jungvögel gerade ausgeflogen, haben die anderen aber schon wieder eine zweite Brut oder sind mit der ersten noch nicht fertig.

Versuchen Sie dennoch, alle Nistkästen jeweils für die Sittiche oder die Prachtfinken gleichzeitig zu entfernen, auch wenn Sie ein gerade frisches Gelege mitentfernen müssen. Sind die Eier weit entwickelt oder sind die Jungvögel schon geschlüpft, müssen Sie das gut beobachten und hoffen, dass alles gut geht.

Ist die gleichzeitige Nistkastenentfernung für die Sittiche nicht möglich und haben Sie auch Wellensittiche in der Gemeinschaft, sollten Sie den Wellensittichen den Nistkasten zuletzt wegnehmen. Ansonsten könnten die Wellis wie Piraten einen fremden Nistkasten entern. Und das kann recht blutig enden.

Die Vögel verstehen zwar zunächst die Welt nicht mehr und untersuchen immer wieder den Platz, wo der Nistkasten gehangen hat, aber das beruhigt sich nach zwei bis drei Tagen. Ein bisschen Schicksal muss man schon spielen und als quasi Übervater bei so einer Gemeinschaft kontrolliert eingreifen. Manche würden sich sonst bis zur totalen Erschöpfung zu Tode brüten.

Sie können zwar eine beginnende Dürrezeit simulieren, um den Bruttrieb runterzufahren, indem Sie nur noch trockene Körner füttern – also kein Grün, kein Obst, kein Gemüse, kein Eifutter und kein gekeimtes Futter. Aber das kann ja auch nicht die Lösung sein. Ein Mittelweg wäre es, zunächst die gekeimten Sämereien und das Eifutter wegzulassen, bis alle den Trieb wieder eingestellt haben.

Wenn Sie die Nistkästen aus dem Verkehr ziehen, müssen die Kästen gründlich gesäubert (unbedingt Staubmaske tragen) und mit kochendem Wasser ausgespült werden, um Keime abzutöten. Erst wenn die Nistkästen, am besten in praller Sonne, völlig ausgetrocknet sind, können Sie sie fürs nächste Jahr einlagern.

Schreiben Sie mit einem Filzstift auf den Nistkasten, wo er gehangen hat und wer darin genistet hat – manche Sittiche nehmen im nächsten Jahr gern wieder denselben Nistkasten oder sogar die Jungvögel wählen später den Nistkasten, in dem sie selbst aufgewachsen sind. In freier Natur passiert das auch, dass manche Vögel denselben Baum, ja sogar dieselbe Höhle wieder aufsuchen.

Wenn fremde Eier mit ausgebrütet werden, kann es auch zu Fehlprägungen kommen.

Fehlprägung

Auch das kann in einer Gemeinschaftsvoliere vorkommen. Ein Paar Spitzschwanzamadinen hatten ein Silberschnäbelchen-Nest erobert und die fremden Eier ausgebrütet. Die Jungvögel sind erst einmal fehlgeprägt und nehmen die Spitzschwanz als Mutter an. Wahrscheinlich sind diese fehlgeprägten Vögel dann für eine spätere Zucht „untauglich", da sie nicht gelernt haben, ein Silberschnäbelchen zu sein.

Wintervorbereitungen

Für den Winter müssen gewisse Vorkehrungen getroffen werden.

Solange wir keine Pinguine in unseren Volieren halten, ist die nasse und kalte Winterzeit immer noch die Zeit, die der Gesundheit der Tiere nicht gerade zuträglich ist.

Einige Vögel wie die Gouldamadine sollten in die Ersatzvoliere ins Haus geholt werden. Andere Arten wie Ziegensittiche, Wellensittiche, Bourke- oder Schmucksittiche sind mit Schutzhaus recht winterfest. Nichtsdestotrotz wird unsere Voliere für den Winter vorbereitet und umdekoriert.

Alle in Asthalter montierte Landezweige im nicht überdachten Bereich werden abgeschnitten bzw. demontiert, um zu verhindern, dass die Vögel zu lange bei Kälte, Nieselregen und Wind auf diesen Zweigen verweilen.

Mauern im nicht überdachten Bereich werden dick mit Waldmoos belegt, sodass die Vögel dort möglichst nicht landen bzw. verweilen können. So bekommen sie gleichzeitig auch noch frisches Grün zum knabbern.

Den Boden sollten Sie mehrere Zentimeter mit Laub bedecken. Ideal sind schwer verrottende Blätter von Buchen und Eichen. Die Zersetzungswärme und das Luftposter zwischen den Blättern halten den Boden meist frostfrei. Ziegen- und Springsittiche scharren dann wie Hühner im Laub – immer auf der Suche nach etwas Fressbarem. Gerade in der kalten Jahreszeit können Sie eine Handvoll

Wenn ein Schutzhaus vorhanden ist, können viele Arten den Winter in der Voliere verbringen.

Maden auf das Laub streuen. Bei der Kälte halten sich die Maden sehr lange, bis sie schließlich gefressen werden. Eine gute Beschäftigung in dieser tristen Zeit! Aber auch fast alle anderen Vogelarten profitieren von diesen Laubschichten.

Im überdachten regen-und schneesicheren Bereich werden jetzt umso mehr dicke Seile und dicke Äste aufgehängt. Die Vögel sollen sich ja hauptsächlich dort aufhalten – sofern sie draußen sind. Seile und Äste sollten jetzt deutlich dicker sein, damit die Füße möglichst komplett im Federkleid verschwinden können und gewärmt werden.

Im Winter sollten die Sitzäste besonders dick sein, damit sich die Vögel ihre Füße im Federkleid wärmen können.

Mauern im trockenen überdachten Bereich, auf denen die Vögel im Frühjahr, Sommer und Herbst sonst landen und verweilen dürfen, werden jetzt mit 4 bis 5 cm dicken Zweigen belegt, damit die Vögel nicht zu lange auf den kalten Steinen sitzen. Am besten nutzen Sie dafür alte, trockene Zweige mit sehr grober Rinde (eventuell abgelagertes Brennholz).

Futter und Wasser bieten Sie schon einige Wochen vor Frostbeginn nur noch im Haus an. So werden sich die Vögel hauptsächlich oder zumindest öfter im Haus aufhalten.

Den Trinkbehälter sollten Sie im Haus möglichst hoch unter die Decke hängen, dort ist es einige Grade wärmer. Somit ist dann auch das Trinkwasser etwas wärmer temperiert.

Nasse Volierenböden im Schutzhaus trocknen im Winter nur sehr langsam und verursachen mit dem Vogelkot und den Futterresten auf dem Boden die Bildung von Schimmel. Versteckte Schimmelbildung können Sie auch am Geruch bemerken.

Schimmelsporen in der Luft sind für Mensch und Tier schädlich. Sie begünstigen und verursachen teils schwere Lungenerkrankungen. Schützen Sie zuerst sich selbst durch gute Staubmasken und beseitigen Sie die Ursachen wie feuchte Böden, feuchte Mülleimer sowie Kot und Futterreste.

Angeschimmelte, feuchte Holzdecken und Wände sollten Sie mit einer Kalkfarbe streichen. Die basische Wirkung der Farbe macht nach der Trocknung dem Schimmel schon mal das Leben schwer. Danach wird die Wand bzw. Decke mit Lehm verputzt. Als Putzträger nutzen Sie wieder einfachen Drahtzaun und einen Tacker wie im Kapitel „Lehm und Lehmputz“ beschrieben. Der Lehm entzieht dem Untergrund die Feuchtigkeit und kann, weil er nicht organisch ist, selbst nicht schimmeln. Undichtigkeiten und das Eindringen der Feuchtigkeit von außen kann man dann an der Veränderung der Lehmfärbung erkennen. Feuchter Lehm wird dunkel.

Allerdings sollte man Lehmputzarbeiten spätestens im September vornehmen, solange noch Sonne und etwas Wärme den Lehmputz austrocknen kann. Ist es erst einmal nasskalt, bleibt der Lehm für Monate feucht. Für Notfälle kann man einen Heiz-Luftentfeuchter aufstellen, der den Lehmputz und den Raum austrocknet. Passive Luftentfeuchter mit Salzkissen oder Ähnlichem sind hier völlig nutzlos.

Die mittlere Einflugöffnung des Hauses bleibt bei uns auch im Winter Tag und Nacht, geöffnet. Die Vögel können dann spät einfliegen oder früh ausfliegen. Die Öffnung haben wir aber mit Lehmputz von 10 auf 7 cm Durchmesser verkleinert.

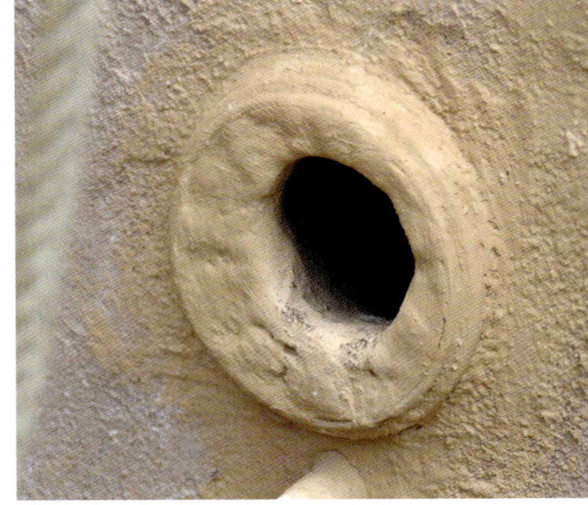

Im Winter wird das offene Einflugloch mit Lehm verkleinert.

Da verschlossene Einflugöffnungen im Innenraum begehrte Ruheplätze für die Vögel sind, würden solche Plätze stark zugekotet. Den Hohlraum, den Deckel und das Rohr sollte man in den Wintermonaten entsprechend mit Stoff, Wolle, Jute oder Kokosfaser ausstopfen und mit etwas Lehmputz verschließen. Im kommenden Frühjahr können Sie den Lehmputz leicht wieder herausbrechen und wiederverwenden.

Anhang

Bezugsquellen und wichtige Internetadressen

www.oertel-spoerer.de
Der Tierbuch-Spezialist mit Onlineshop

www.eiwa-lehmbau.de
www.lehmdiscount.de
Lehm, Kokosfasern und andere Naturbaustoffe, Shopsystem

www.naturkork-nordheim.de
Korkröhrenversand

www.kanirope.de
Reine Hanfseile in allen Größen und Formen, Shopsystem

www.vogelparadies-schuesler.de
Volierenbau, Draht, Alustangen, Zubehör etc., sehr gute Beratung

www.samenshop24.de
Kiepenkerl-Sämereien (Vogelmiere etc.)

www.zoo-hohlweg.de
Sehr guter Versandkatalog bzw. Onlineshop mit guten Infos
Alle Sämereiensorten auch einzeln erhältlich

www.katharinasittiche.de
Tolle Infos und Bilder zu den Katharinasittichen

www.botanikus.de
Tabellen mit giftigen Pflanzen

www.papageien.de
Vogelbuchversand

www.kakariki-paradise.de
Ein Muss für Ziegen-und Springsittich-Interessenten

www.grassittiche.beepworld.de
Grassittiche-Infos

www.prachtfinken-lexikon.de
Übersichtliche Prachtfinken-Seite

www.sittiche.de
Wenn noch ein paar Sittich-Infos fehlen

Für alternative Bezugsquellen von Lehm versuchen Sie es mal in einer Ziegelei in Ihrer Nähe.

Über Anregungen, Tipps, Ideen und Erfahrungen würde ich mich freuen. Vieleicht könnten die bei einer weiteren Auflage des Buches in einem neuen Kapitel mit eingebaut werden.
Bitte per Mail an: info@wilbrand-acoustics.de

Empfohlene Literatur

Asmus, Jörg und Lantermann, Werner: **Australische Sittiche.** Oertel+Spörer, Reutlingen 2012.

Bielfeld, Horst: **300 Ziervögel.** Ulmer Verlag, Stuttgart 2009.

Lang, Angelika: **Ziervögel von A-Z.** Gräfe und Unzer Verlag, München 2005.

Lantermann, Werner: **Sittiche und Papageien – Verhalten in Freiland und Voliere.** Oertel+Spörer, Reutlingen 2012.

März, Sigrid: **Katharinasittiche.** BoD, Norderstedt 2013.

Nicolei, Jürgen und Steinbacher, Joachim: **Prachtfinken.** Ulmer Verlag, Stuttgart 2001.

Nicolei, Steinbacher, van den Elzen, Hofmann, Mettke-Hofmann: **Prachtfinken.** Ulmer Verlag, Stuttgart 2007.

Quinten, Doris: **Ziervogelkrankheiten.** Ulmer Verlag, Stuttgart 2007.

Reinschmidt, Matthias: **Farbatlas Papageien.** Ulmer Verlag, Stuttgart 2009.

Robiller, Franz: **Papageien Band 1.** Ulmer Verlag, Stuttgart 2001.

Robiller, Franz: **Das große Lexikon der Vogelpflege.** Ulmer Verlag, Stuttgart 2003.

Schnabl, Hermann: **Vogelfutterpflanzen.** Arndt Verlag, Bretten 2005.

Verhoef-Verhallen, Esther: **Ziervögel Enzyklopädie.** Dörfler im Nebel Verlag, Eggolsheim.

Wilbrand, Andreas: **Naturbaustoff Lehm für die Vogel- und Kleintierhaltung.** Oertel+Spörer, Reutlingen 2017.